KB055691

멘사퍼즐 사고력게임

• 〈멘사퍼즐 사고력게임〉은 멘사코리아의 감수를 받아 출간한 영국멘사 공인 퍼즐 책입니다.

MENSA®

멘사퍼즐 사고력게임

PUZZLE

멘사코리아 감수

팀 데도풀로스 지음

보누스

| 멘사 퍼즐을 풀기 전에

지능을 한 마디로 규정하기란 쉽지 않다. 일반적으로 지능은 어떤 정보를 모으고 유지하는 능력, 그 정보를 새로운 방법으로 적용할 수 있는 능력을 뜻한다. 물론 이는 매우 광범위한 설명이며 여러 논란을 일으킬 수 있다. 사실 지능을 정의하기란 쉽지 않다.

1994년 월스트리트 저널이 주최한 발표회에서 한 공동 연구진이 지능을 이렇게 정의했다. "추상적으로 생각하고 복잡한 아이디어를 이해하는 능력, 빠르게 배우고 경험을 통해 배우는 능력, 문제를 추론하고 계획하고 해결하는 능력과 관련된 일반적인 지적 능력, 즉 우리 주변 환경을 이해하는 능력"이라고 말이다. 물론 발표회에 참석한 과학자 모두가 이에 동의한 건 아니었다. 과학자 51명은 이 정의에 동의하는 서명에 동참했지만 나머지 79명은 거부했다.

지능을 정의한다고 해도 개개인이 다양한 관심사를 가지고 있으며 배운 것을 이해하고 발휘하는 능력이 매우 다르다는 사실을 설명하진 못한다. 한 사람이 어떤 분야에서는 천재에 가까운 능력을 발휘할 수 있지만 모든 분야에서 천재성을 보이는 것은 아니기 때문이다.

어떤 학파에서는 지능을 서로 관계된 여러 분야로 나눴다. 최근 각광받는 이론은 바로 카텔 혼 캐롤(Cattel-Horn-Carroll : CHC) 이론이다.

이 이론에서는 지능을 약 9가지 카테고리로 정의했다.

- **청각 지각력** : 발화 인지력과 청각 패턴을 조작하는 능력
- **결정성 지능** : 습득한 지식, 정보와 소통하는 능력, 배운 과정을 이용하는 능력
- **유동성 지능** : 추론 능력, 개념화, 문제 해결 능력
- **장기 기억력** : 습득한 정보를 능숙하게 적재적소에 사용하는 것
- **양적 추론** : 숫자 추론과 기호 조작 능력
- **처리 속도** : 시간 제한을 두고 무의식적으로 정신적 활동을 수행하는 능력
- **단기 기억력** : 몇 초 동안 정보를 읽어내고 사용하는 능력
- **결정 속도** : 자극에 빠르게 반응하는 능력
- **시각 처리** : 시각적 패턴의 분석과 조작 능력

그러나 추상적으로 위 카테고리 어디인가에 진정한 지능이 있으리라 짐작할 뿐 정의를 내리기란 어렵다. 따라서 지능을 측정하고 분석하는 최선의 방법은 최대한 다양한 측면을 검사하고, 그 점수를 상대적으로 적용하는 것이다. 절대적인 수치로 보지 않고 전체 인구에 비례해 개념적인 지표로 삼는 것이다.

지능을 측정하려는 시도 가운데 가장 성공적인 방법은 1912년 독일의 심리학자 윌리엄 스턴(William Stern)이 고안한 지능지수(IQ)다. 스턴 박사는 한 사람의 정신 연령을 측정하고 이를 그 사람의 실제 나이로 나눴다. 아직도 학계에서는 IQ를 지능 측정의 도구로 삼는 것에 이견이 남아 있지만, IQ는 수입과 직업 수행 능력, 사망률, 삶의 질을 결정하는 중요

한 지표들과 관련이 있는 것으로 보인다.

먼저 IQ는 인구 전체의 평균을 100으로 설정한다. IQ 100은 일반적인 시민의 지능 수준을 뜻한다. 물론 이후 대부분의 테스트들이 조정됐다. 표준 편차의 기준을 15점으로 세워, 한 결과가 일반적인 기준과 얼마나 다른지를 보여준다. 이에 따르면 전체 인구의 68%가 표준 편차 1에 들어가고, 95%가 표준 편차 2에 들어가며 99.7%가 표준 편차 3에 들어간다.

여러 IQ 테스트에서 한 표준 편차를 15점과 동일하게 보고 있기 때문에, 이러한 점수 체계에서 IQ가 116이라면 약 85%의 사람들보다 높은 지능을 가지고 있다는 것을 의미한다.(50%+68.3%의 위쪽 절반) 물론 점수가 높아질수록 당신의 점수에 따른 위치 변동 폭이 줄어든다. IQ가 100이라면 상위 50%, 116이라면 상위 15%, 131이라면 상위 4%, 145라면 상위 0.3%에 든다.

멘사는 지원자들을 테스트하기 위해 공인된 산업 기준의 IQ 테스트를 다양하게 사용한다. 멘사는 꾸준히 이 테스트에 지원하는 사람과 동일한 국적을 가진 사람들의 샘플을 이용해 테스트를 표준화하는 데 큰 노력을 기울이고 있다. 최대한 문화적인 변수를 배제하고 온전히 지능만을 측정하려고 한다. 멘사는 나머지 인구의 퍼센트와 비교해 테스트 결과를 제공한다. 입회 기준은 표준화된 샘플 그룹의 98%보다 높은 점수를 획득하는 것이다.

IQ 테스트는 문화적이며 교육적인 변수의 영향을 최소화해야 하기 때문에 추상적인 추론 문제를 내는 것이 일반적이다. 이 책에서 만날 테스트는 IQ 테스트와 같은 유형의 문제들이다. 즉 패턴 분석, 시각적 처리, 유동적 추론, 양적 추론, 논리적 연역 추론 같은 유형이다. IQ 테스트는 매우 신중한 환경 아래서 진행돼야 하기 때문에 이 책을 실제 IQ 테스트로 보긴 어렵다. 또한 이전 테스트 검사자들의 방대한 결과 데이터 없이는 IQ를 분석하는 것도 불가능하다. 하지만 실제 테스트와 똑같은 유형을 사용한다는 점에서 멘사 테스트에 도전해보고 싶거나 자신의 두뇌 능력을 확인하고자 하는 사람에게 충분히 가치가 있는 문제들이다.

이 책에 담긴 문제가 이전에 풀어봤거나 익숙한 문제라면 실력을 테스트해볼 수 있고, 낯선 문제라면 또 다른 두뇌 능력을 발전시키는 기회도 된다. 문제를 풀기 전에 기억해야 할 두 가지가 있다. 첫 번째는 먼저 퍼즐과 관련한 편견을 버리고 다양한 관점에서 문제를 바라봐야 한다는 것, 두 번째는 이 책의 목적이 퍼즐을 즐기는 것임을 기억하자. 이 두 가지를 잘 새겨 듣는다면 어느새 멘사 문제를 즐기고 있는 자신을 발견할 것이다.

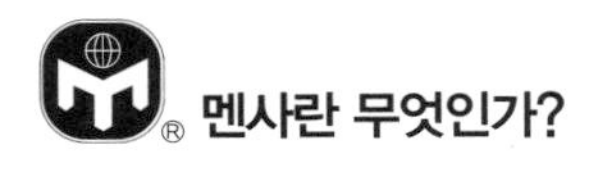

멘사란 무엇인가?

멘사란 '탁자'를 뜻하는 라틴어로, 지능지수 상위 2% 이내(IQ 148 이상)의 사람만 가입할 수 있는 천재들의 모임이다. 1946년 영국에서 창설되어 현재 100여 개국 이상에 14만여 명의 회원이 있다. 멘사코리아는 1998년에 문을 열었다. 멘사의 목적은 다음과 같다.

- 첫째, 인류의 이익을 위해 인간의 지능을 탐구하고 배양한다.
- 둘째, 지능의 본질과 특징, 활용처 연구에 힘쓴다.
- 셋째, 회원들에게 지적·사회적으로 자극이 될 만한 환경을 마련한다.

IQ 점수가 전체 인구의 상위 2%에 해당하는 사람은 누구든 멘사 회원이 될 수 있다. 우리가 찾고 있는 '50명 가운데 한 명'이 혹시 당신은 아닌지?

멘사 회원이 되면 다음과 같은 혜택을 누릴 수 있다.

- 국내외의 네트워크 활동과 친목 활동
- 예술에서 동물학에 이르는 각종 취미 모임
- 매달 발행되는 회원용 잡지와 해당 지역의 소식지
- 게임 경시대회, 친목 도모 등을 위한 지역 모임
- 주말마다 열리는 국내외 모임과 회의
- 지적 자극에 도움이 되는 각종 강의와 세미나
- 여행객을 위한 세계적인 네트워크인 'SIGHT' 이용 가능

멘사에 대한 좀 더 자세한 정보는 멘사코리아의 홈페이지를 참고하기 바란다.

- 홈페이지 : www.mensakorea.org

차 례

일러두기

- 각 문제 하단의 쪽번호 옆에 해결, 미해결을 표시할 수 있는 칸을 마련해두었습니다. 해결한 퍼즐의 개수가 늘어날수록 지적 쾌감도 커질 테니 잊지 말고 체크하시기 바랍니다.
- 이 책의 해답란에 실린 해법 외에도 답을 구하는 다양한 방법이 있을 수 있음을 밝혀둡니다.

MENSA PUZZLE

멘사퍼즐 사고력게임

문제

아래 조각들을 모아 하나의 도형을 만들 수 있다. 어떤 도형을 만들 수 있을까?

답: 214쪽

마지막 저울이 균형을 이루려면 삼각기둥이 몇 개 필요할까?

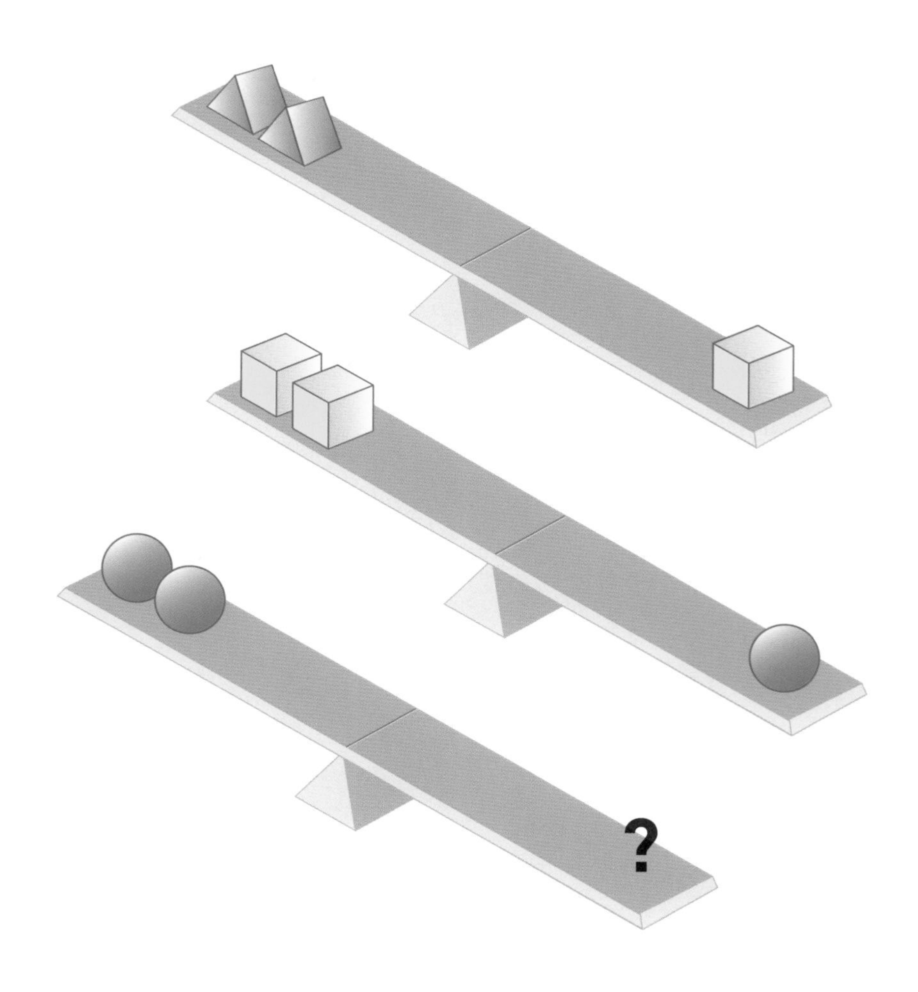

답:214쪽

003

아래 수식을 완성해야 한다. 숫자와 숫자 사이에 사칙연산 부호를 어떻게 넣어야 할까?

14 9 5 7 2 8 = 35

답: 214쪽

004

맨 윗줄 왼쪽 1이 적힌 칸에서 출발해 맨 아랫줄 오른쪽 16이 적힌 칸에 도착해야 한다. 각 칸에는 이동 방향을 나타내는 화살표가 그려져 있고, 몇 번째로 그 칸을 지나는지 숫자가 적혀 있다. 빈칸에 숫자를 어떻게 채워야 할까?

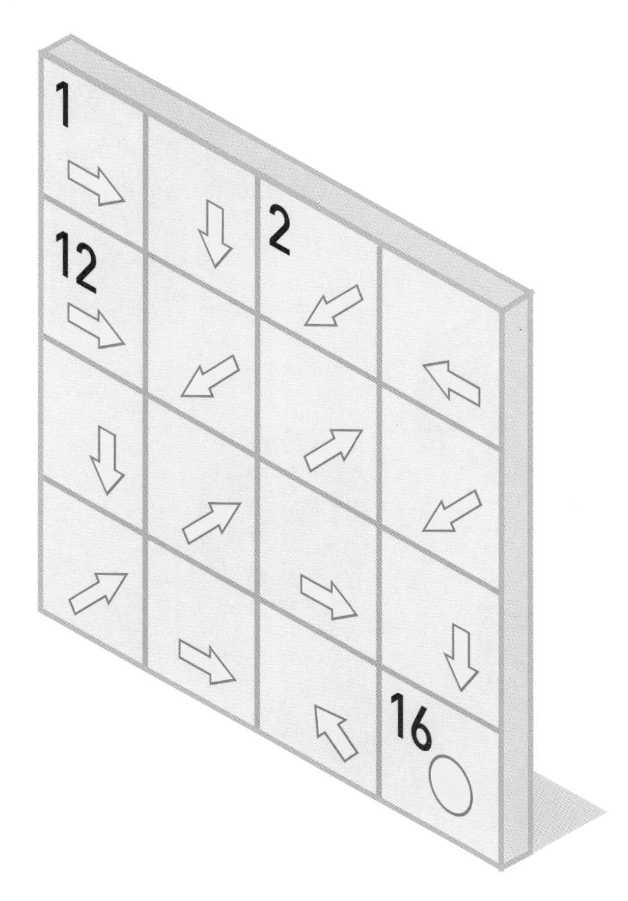

답: 214쪽

아래 전개도로 만들 수 없는 주사위는 보기 A~E 중 어떤 것일까?

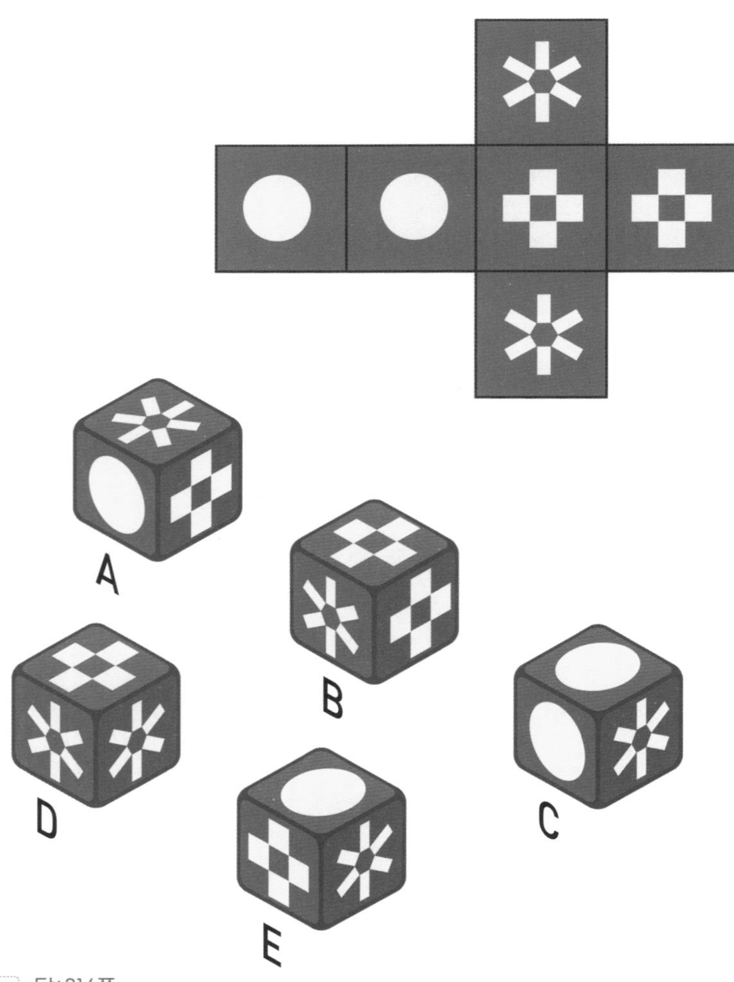

 답: 214쪽

다음에 올 그림은 보기 A~C 중 어떤 것일까?

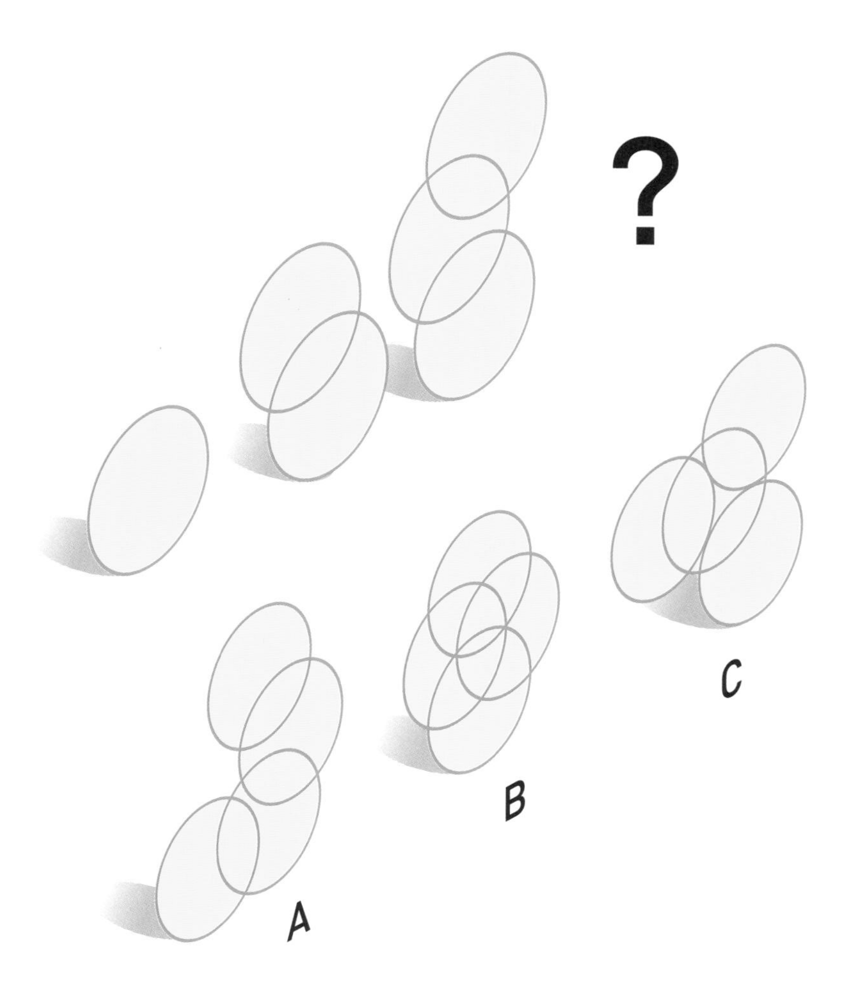

답:214쪽

아래 숫자들은 다른 숫자와 일정한 관계가 있다. 물음표에 들어갈 숫자는 무엇일까?

15 13
3 6
10 1
4 9

? 26
6 18
30 2
8 27

 답:214쪽

빈칸 아래 숫자들이 있다. 이 숫자들로 표의 빈칸을 채워야 한다. 표를 어떻게 채워야 할까?

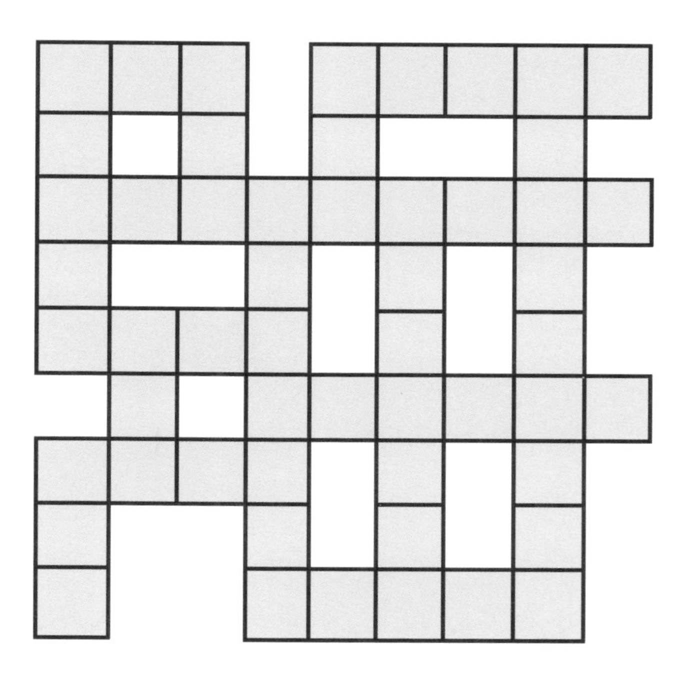

세 자릿수	네 자릿수	다섯 자릿수	여섯 자릿수	일곱 자릿수	아홉 자릿수
328	5844	76451	115261	1215440	508361402
533	7694	78517		3541488	570406111
658		88021			
763					
776					

답:214쪽

아래 숫자들은 다른 숫자와 일정한 관계가 있다. 물음표에 들어갈 숫자는 무엇일까?

답: 214쪽

나머지와 다른 하나는 보기 A~E 중 어떤 것일까?

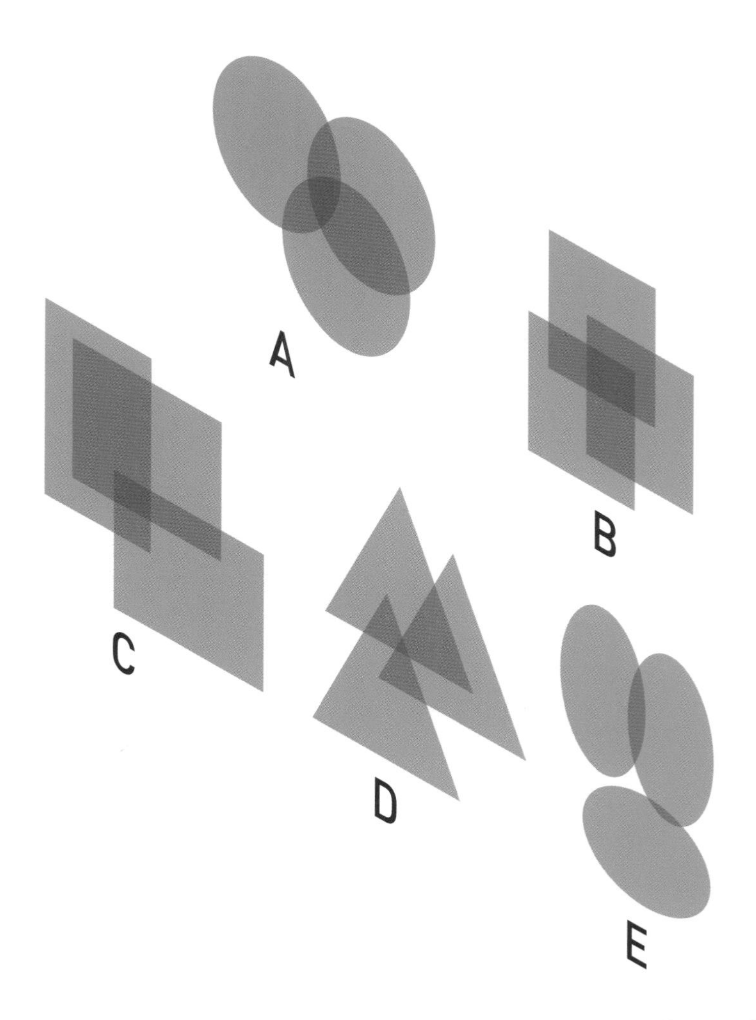

답: 215쪽

011

도형들의 관계를 파악해보자. 빈칸에 들어갈 도형은 보기 A~E 중 어떤 것일까?

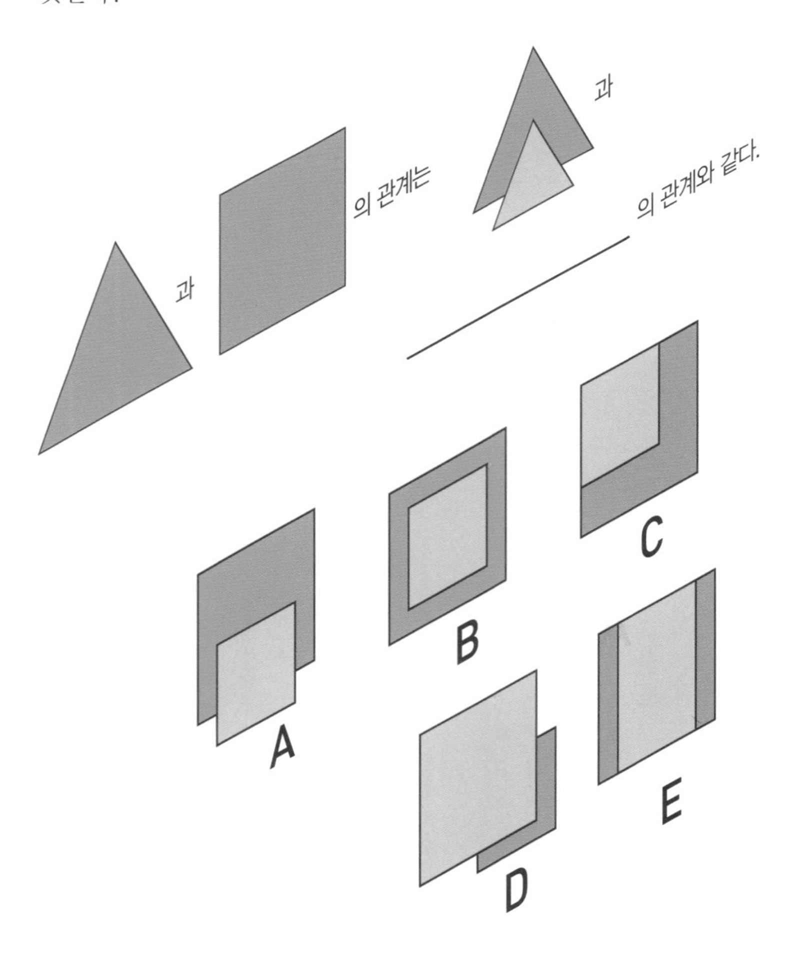

 답: 215쪽

012

아래 도형과 결합했을 때 완벽한 원이 되는 것은 보기 A~D 중 어떤 것일까?

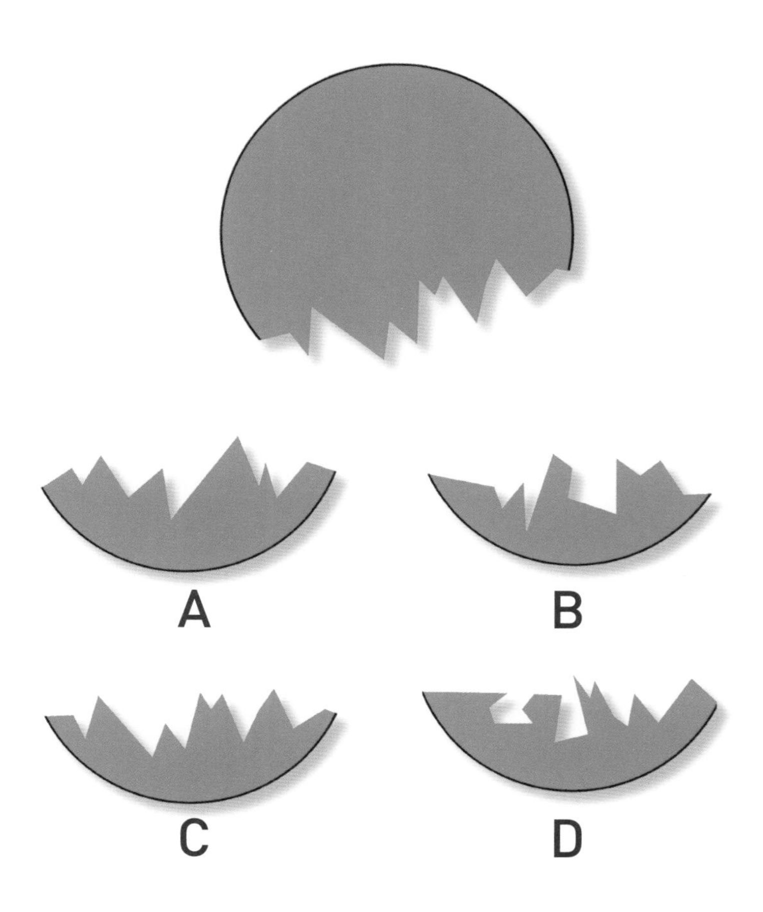

아래 그림에 직선 6개를 그어 6조각으로 나눠야 한다. 각 조각에는 별이 7개씩 들어가야 하며 직선 5개가 사각형의 변에 닿아야 한다. 직선을 어떻게 그어야 할까?

답: 215쪽

014

아래 숫자들은 다른 숫자와 일정한 관계가 있다. 물음표에 들어갈 숫자는 무엇일까?

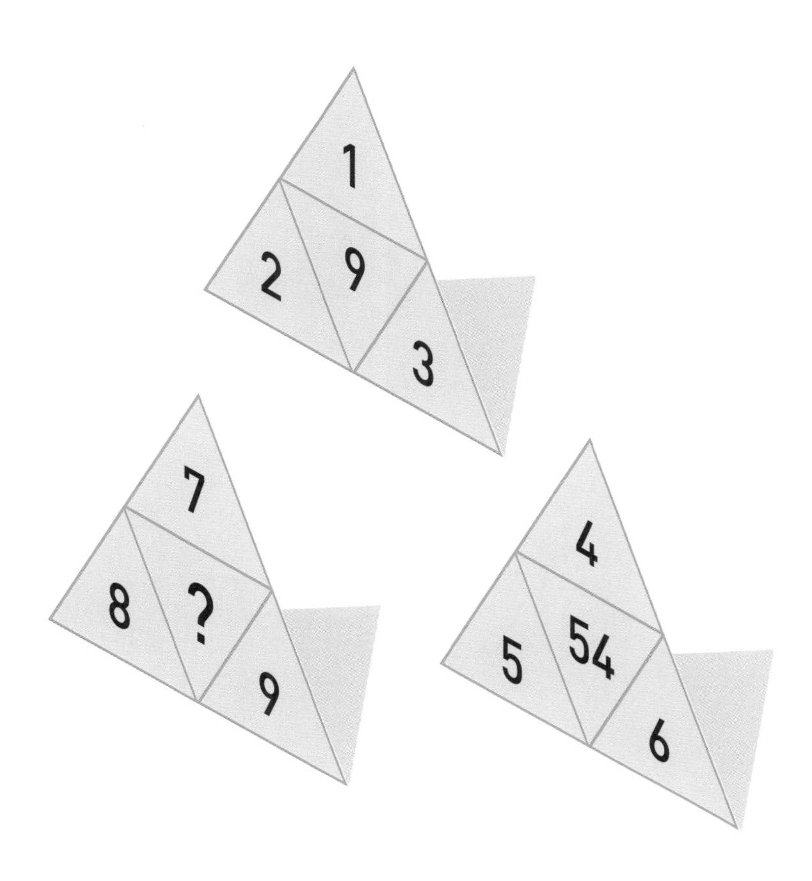

답: 215쪽

아래 그림의 가로줄과 세로줄 끝에 적힌 숫자는 그 줄에 그려진 도형이 나타내는 숫자를 더한 값이다. 삼각형, 사각형, 원이 나타내는 숫자는 무엇일까?

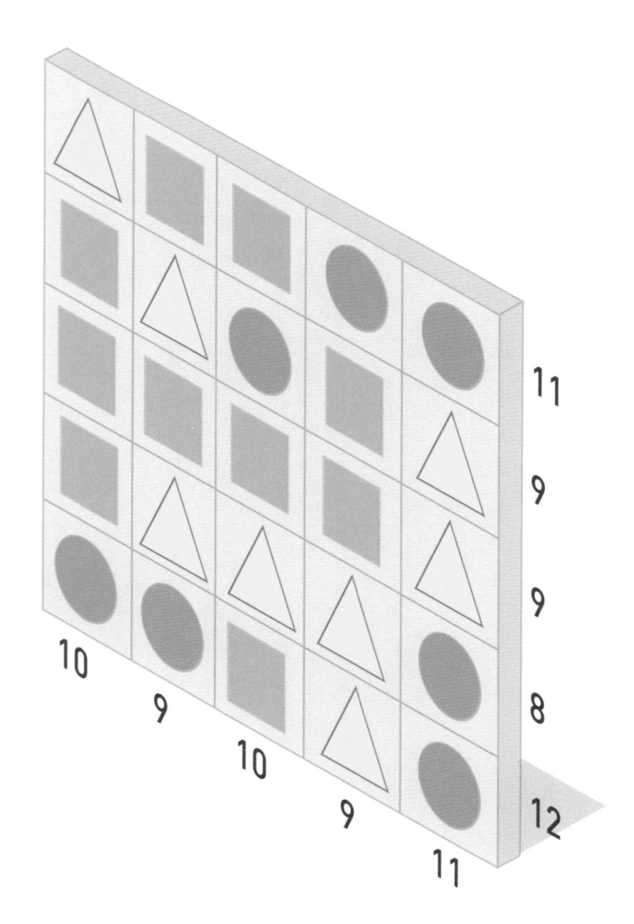

 답: 215쪽

아래 숫자들은 다른 숫자와 일정한 관계가 있다. 물음표에 들어갈 숫자는 무엇일까?

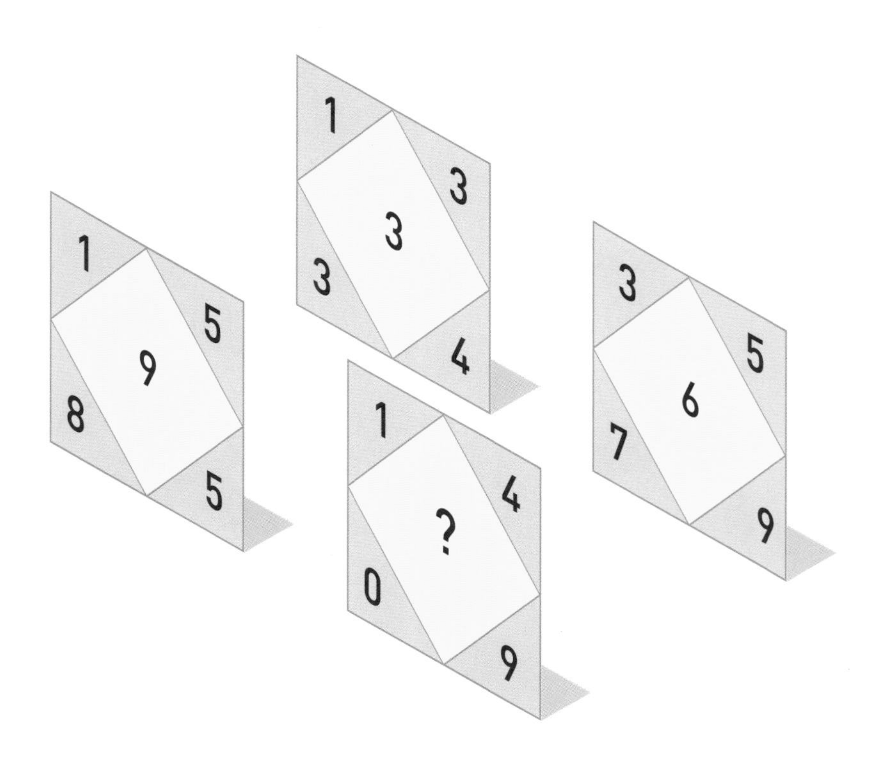

답: 215쪽

물음표가 적힌 시계는 몇 시를 가리켜야 할까?

3:00

6:00

9:00

 답: 215쪽

다음 글자들을 조합해서 유명인 이름 10개를 만들 수 있다. 글자는 한 번씩만 쓸 수 있다. 유명인 10명의 이름은 무엇일까?

HINT : 영화배우, 영화감독, 스포츠 선수, 방송인, 가수

FREY	OCK	KOBE	STE
BRY	DRA	BERG	SPRING
RAH	BULL	OP	BRIT
JAM	JOLIE	WOODS	ER
JENN	VEN	LINA	ANGE
WIN	ANT	ES	SPE
ANIS	NEY	SPIEL	CAM
STEEN	BRUCE	ARS	SAN
ERON	IFER	TIG	TON

답: 215쪽

아래 숫자들은 다른 숫자와 일정한 관계가 있다. 물음표에 들어갈 숫자는 무엇일까?

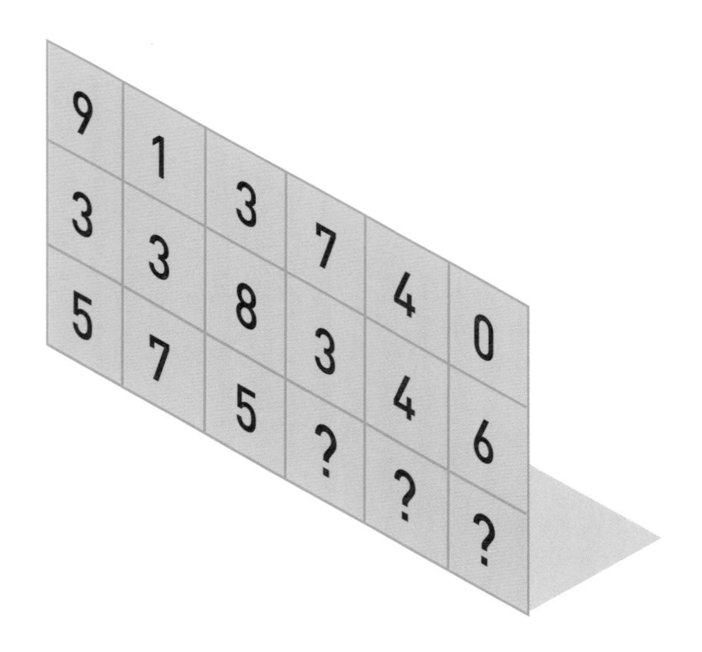

 답: 216쪽

020

도형들이 어떤 규칙에 따라 나열되어 있다. 빈칸에 들어갈 도형은 무엇일까?

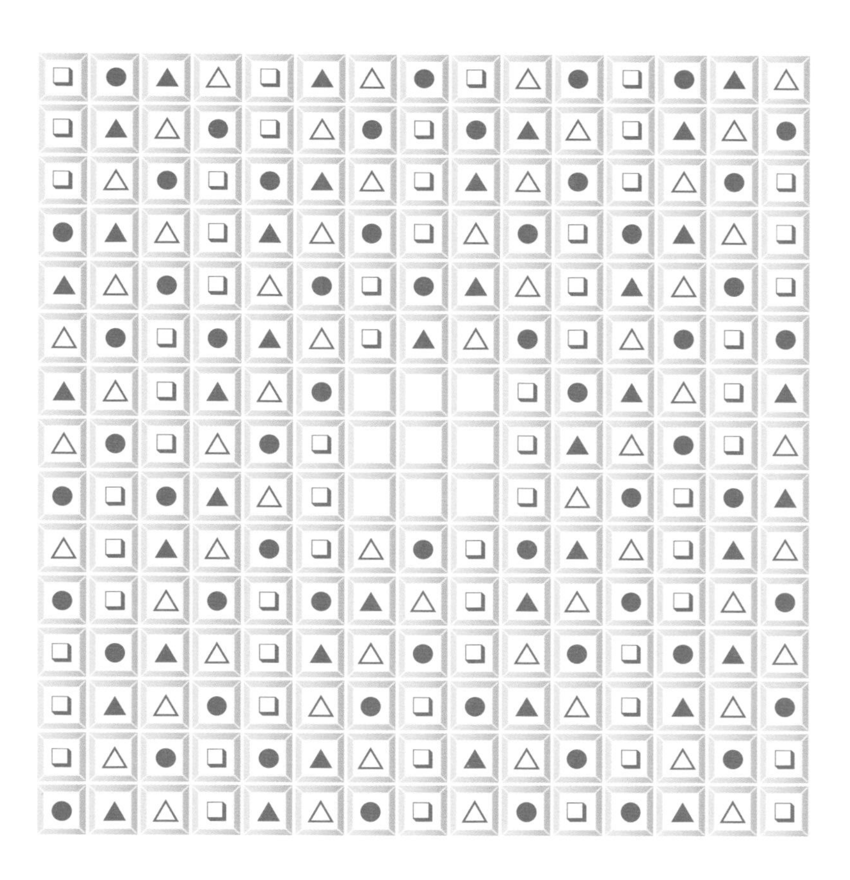

도형들의 관계를 파악해보자. 빈칸에 들어갈 도형은 보기 A~E 중 어떤 것일까?

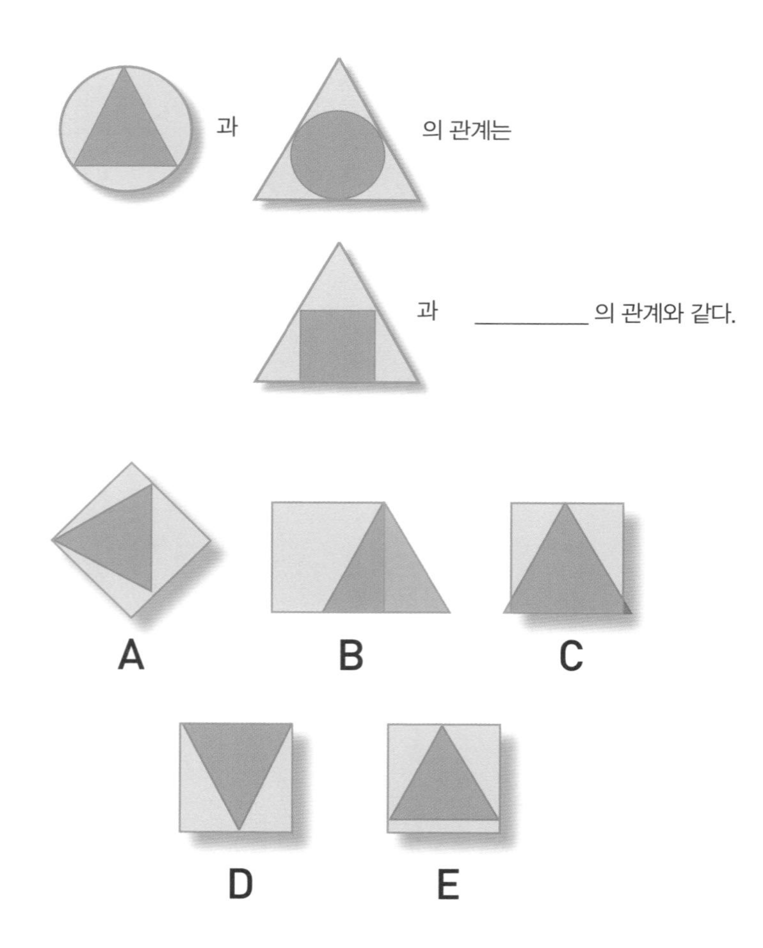

 답: 216쪽

마지막 저울이 균형을 이루려면 정육면체가 몇 개 필요할까?

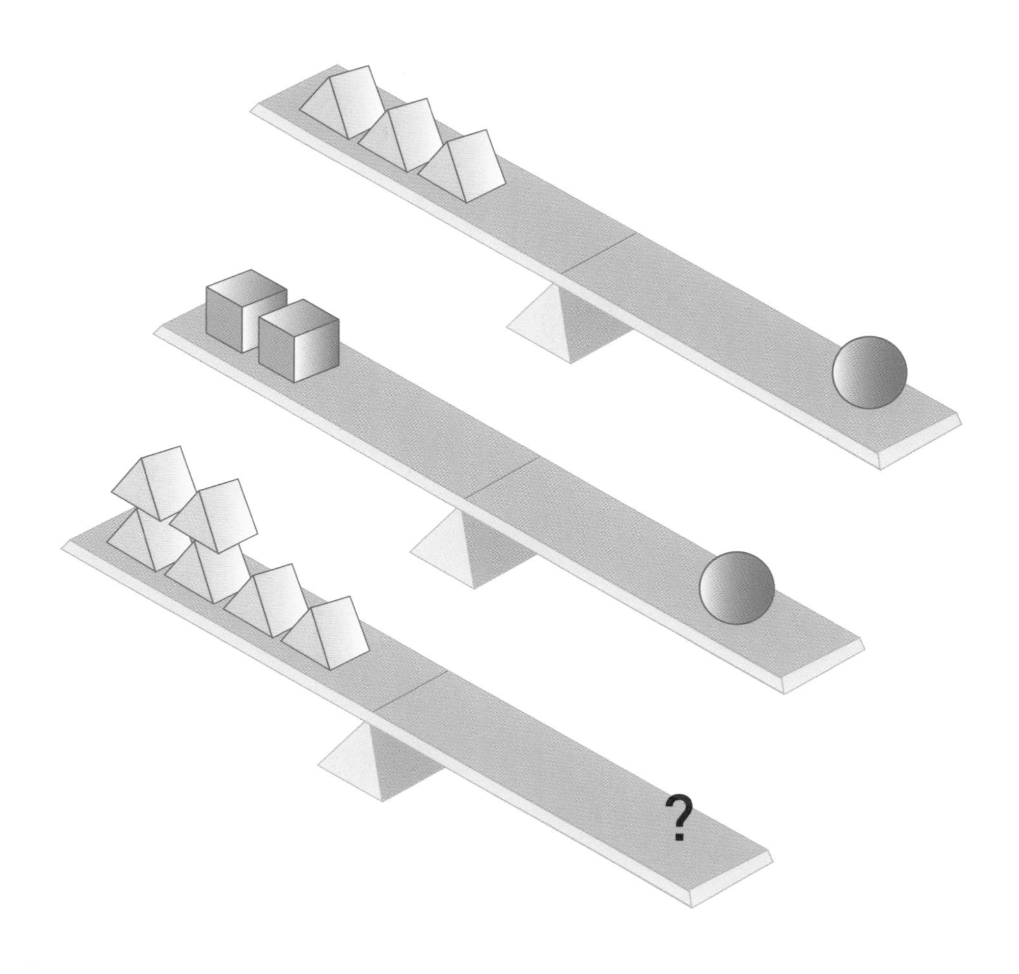

답: 216쪽

023

아래 숫자들은 다른 숫자와 일정한 관계가 있다. 물음표에 들어갈 숫자는 무엇일까?

	8	10	
25			26
24			35
	20	11	

	?	30	
15			14
16			5
	20	29	

답: 216쪽

아래 조각들을 모아 하나의 도형을 만들 수 있다. 어떤 도형을 만들 수 있을까?

답: 216쪽

025

아래 수식을 완성해야 한다. 숫자와 숫자 사이에 사칙연산 부호를 어떻게 넣어야 할까?

40 9 5 14 12 32 = 20

 답: 216쪽

다음에 올 그림은 보기 A~E 중 어떤 것일까?

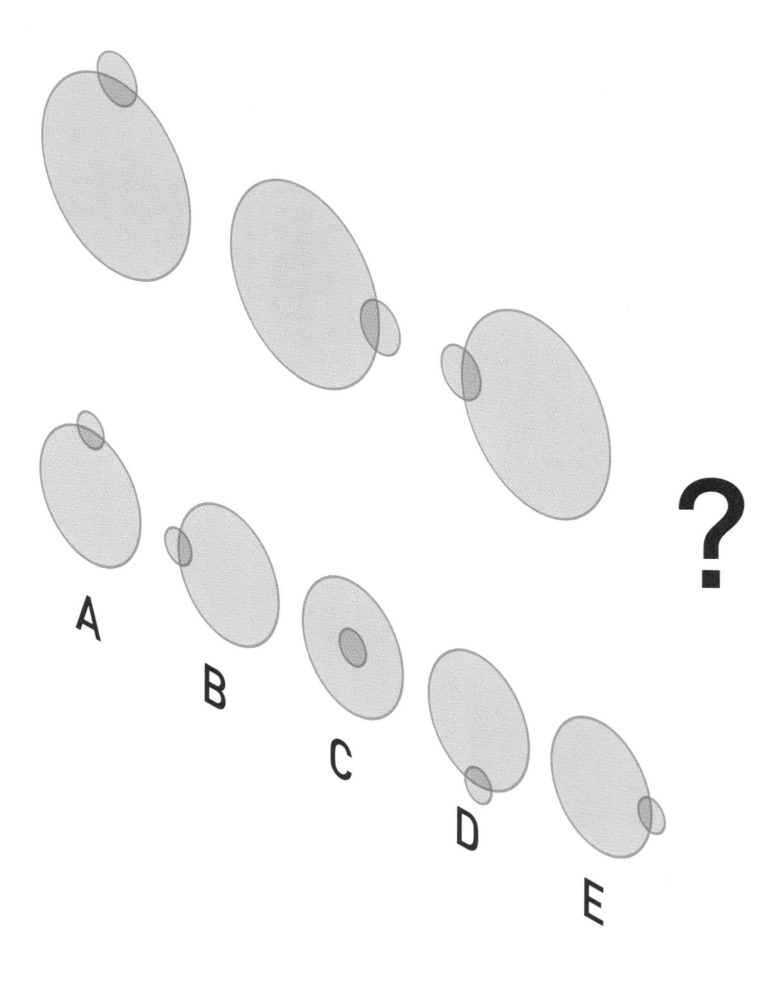

아래 전개도로 만들 수 없는 주사위는 보기 A~E 중 어떤 것일까?

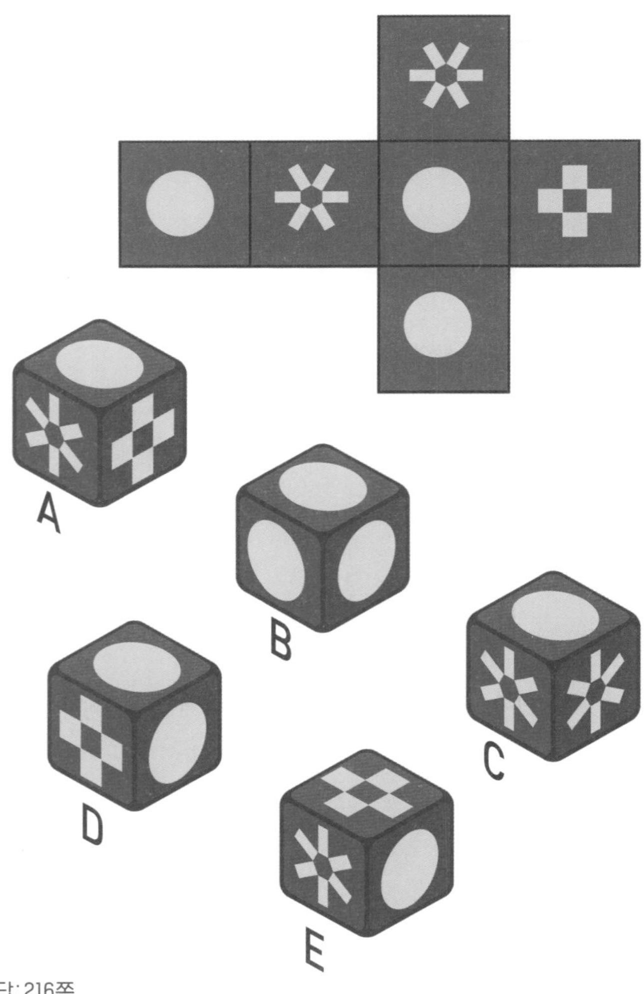

 답: 216쪽

028

빈칸 아래 숫자들이 있다. 이 숫자들로 표의 빈칸을 채워야 한다. 표를 어떻게 채워야 할까?

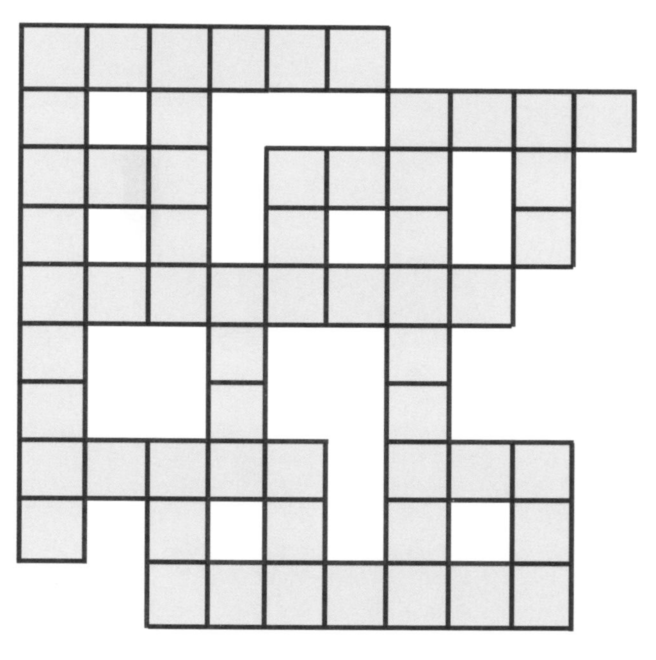

세 자릿수	네 자릿수	다섯 자릿수	여섯 자릿수	일곱 자릿수	여덟 자릿수	아홉 자릿수
107	6721	65513	476467	3044957	26165316	475327161
225	9066	67791				950199739
265						
394						
503						
597						
662						
731						

답:216쪽

아래 숫자들은 다른 숫자와 일정한 관계가 있다. 물음표에 들어갈 숫자는 무엇일까?

답:216쪽

맨 윗줄 왼쪽 1이 적힌 칸에서 출발해 맨 아랫줄 오른쪽 16이 적힌 칸에 도착해야 한다. 각 칸에는 이동 방향을 나타내는 화살표가 그려져 있고, 몇 번째로 그 칸을 지나는지 숫자가 적혀 있다. 빈칸에 숫자를 어떻게 채워야 할까?

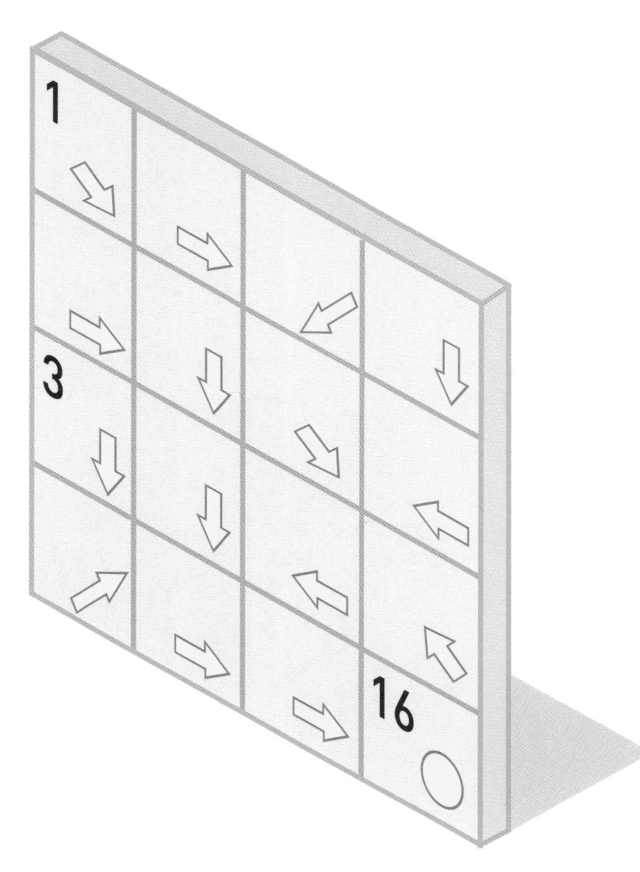

답: 217쪽

나머지와 다른 하나는 보기 A~E 중 어떤 것일까?

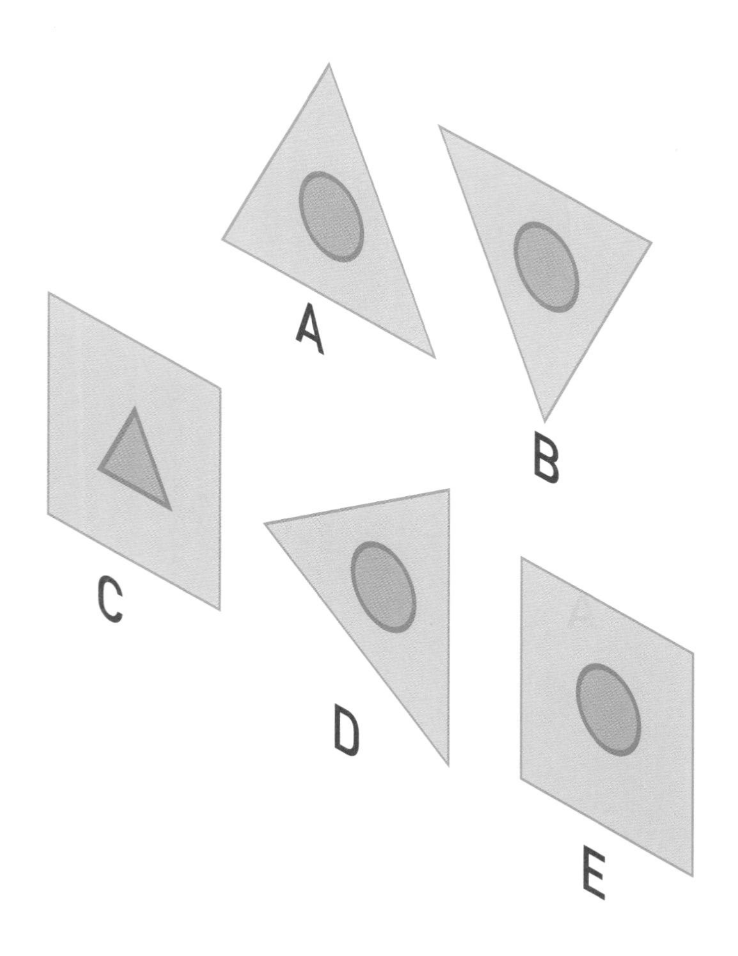

 답: 217쪽

032

아래 도형과 결합했을 때 완벽한 원이 되는 것은 보기 A~D 중 어떤 것일까?

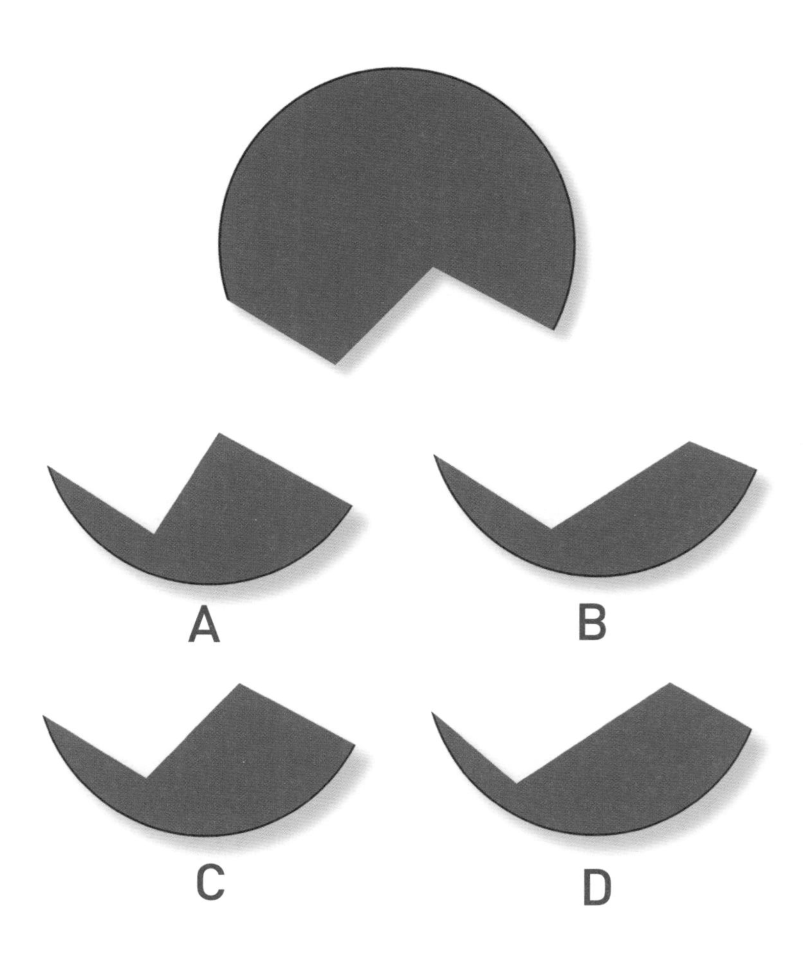

답:217쪽

아래 그림에 직선 6개를 그어 6조각으로 나눠야 한다. 각 조각에는 원이 3개, 4개, 5개, 6개, 7개, 8개가 들어가야 하며 모든 선이 사각형의 변에 닿아야 한다. 선을 어떻게 그어야 할까?

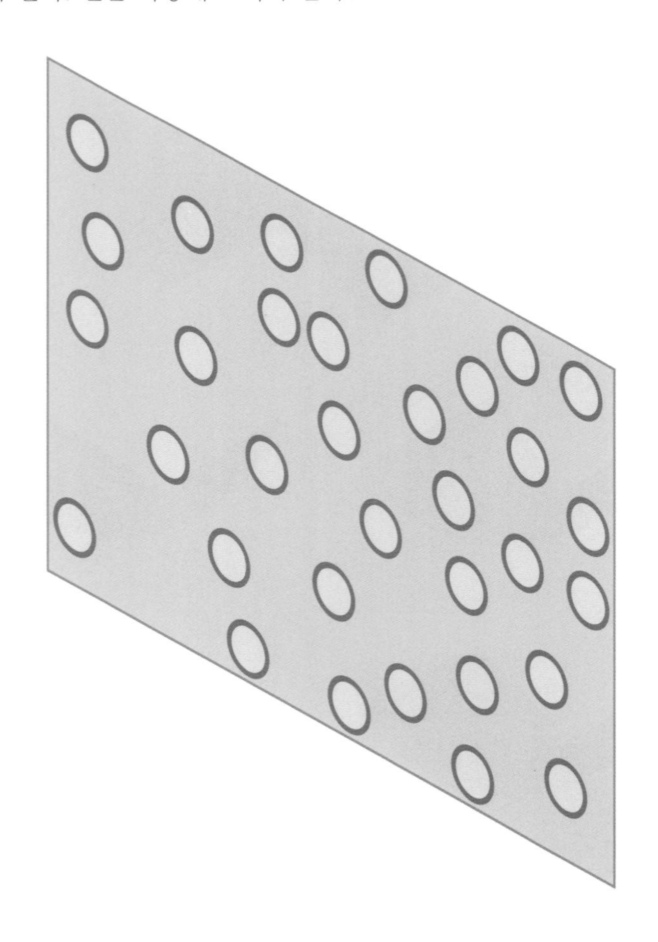

답: 217쪽

아래 숫자들은 다른 숫자와 일정한 관계가 있다. 물음표에 들어갈 숫자는 무엇일까?

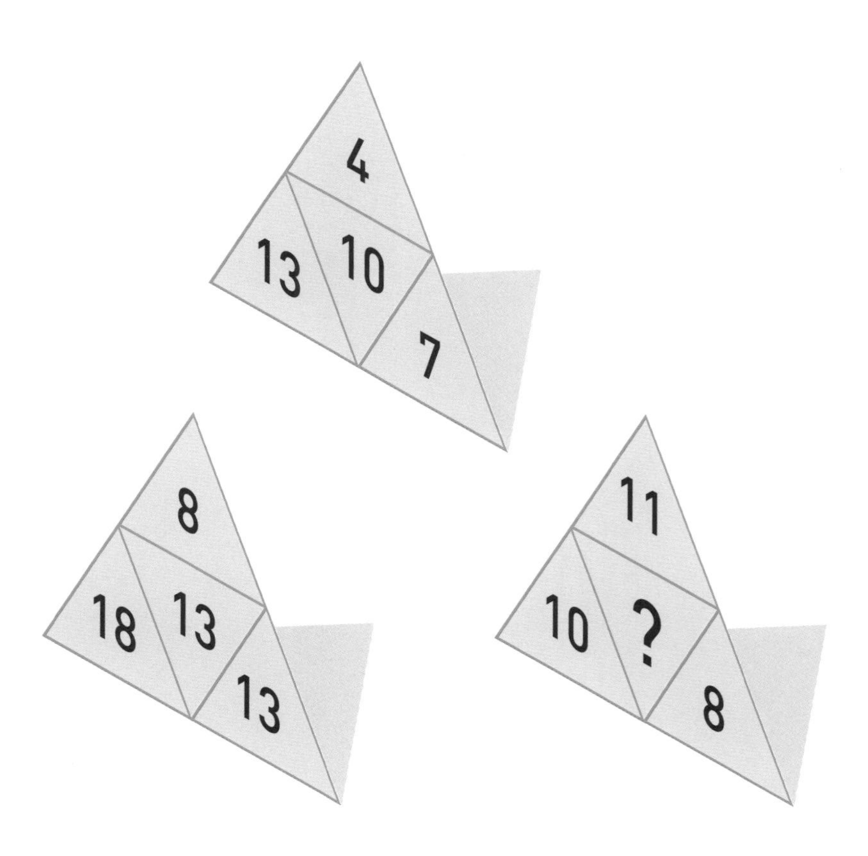

답: 217쪽

아래 그림의 가로줄과 세로줄 끝에 적힌 숫자는 그 줄에 그려진 도형이 나타내는 숫자를 더한 값이다. 삼각형, 사각형, 원이 나타내는 숫자는 무엇일까?

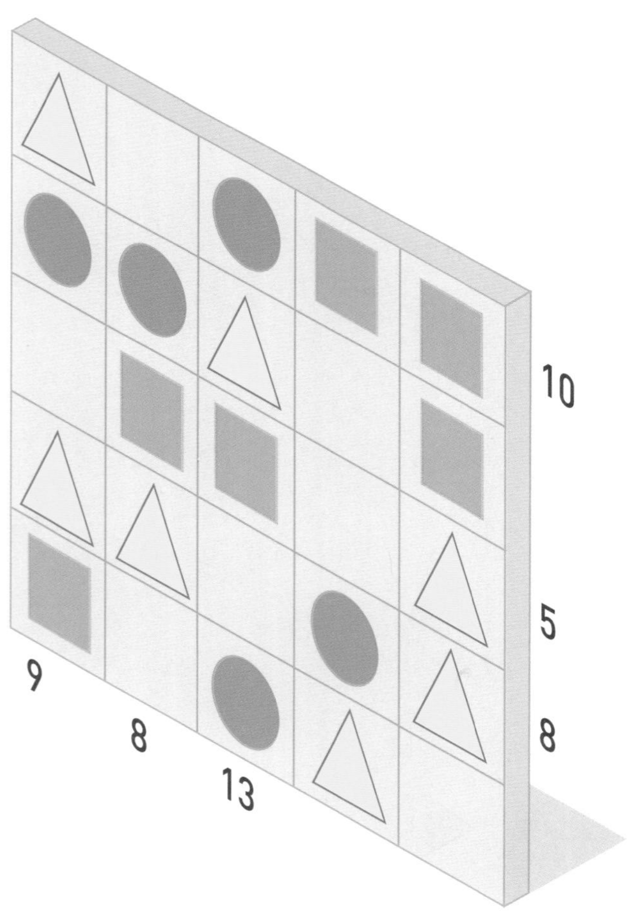

 답:217쪽

아래 숫자들은 다른 숫자와 일정한 관계가 있다. 물음표에 들어갈 숫자는 무엇일까?

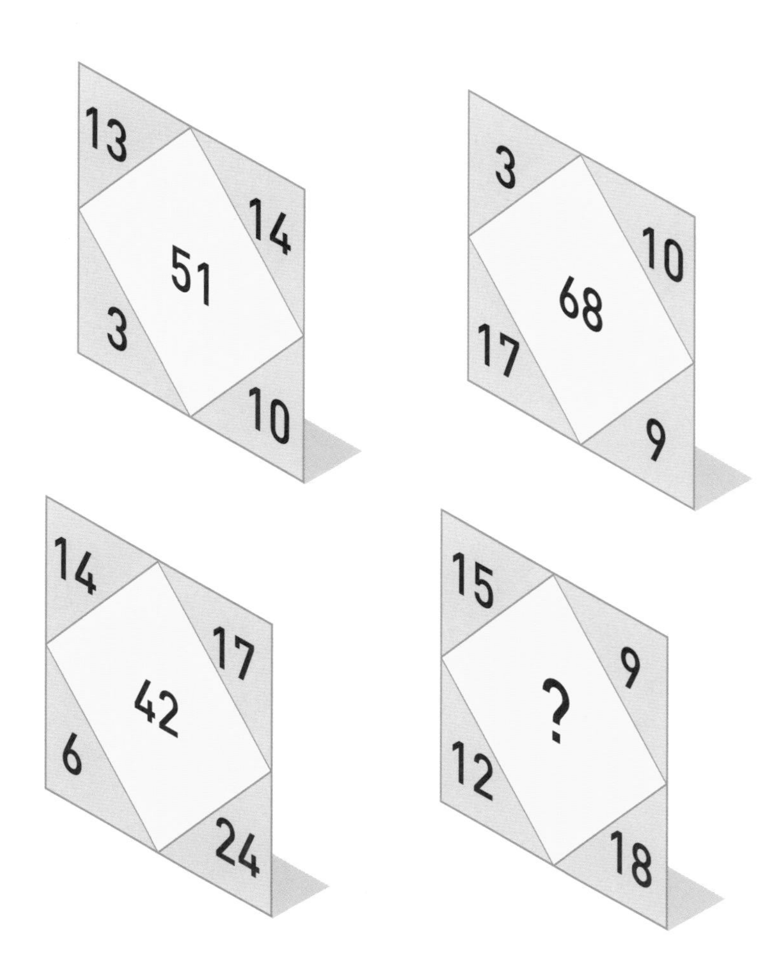

답: 217쪽

물음표가 적힌 시계는 몇 시를 가리켜야 할까?

답: 217쪽

다음 글자들을 조합해서 유명인 이름 10개를 만들 수 있다. 글자는 한 번씩만 쓸 수 있다. 유명인 10명의 이름은 무엇일까?

HINT : 영화배우

FREE	GAN	LIN	JACK
LAB	HALLE	MAR	JAMES
RRY	MOR	EOUF	TRA
BE	MAN	LON	HUGH
JONES	CUL	CHAR	DEPP
SHIA	LIE	MAN	DO
BRAN	MACAU	JOHN	KIN
JOHN	EARL	CHAP	
NY	LAY	VOLTA	

답: 217쪽

아래 숫자들은 다른 숫자와 일정한 관계가 있다. 물음표에 들어갈 숫자는 무엇일까?

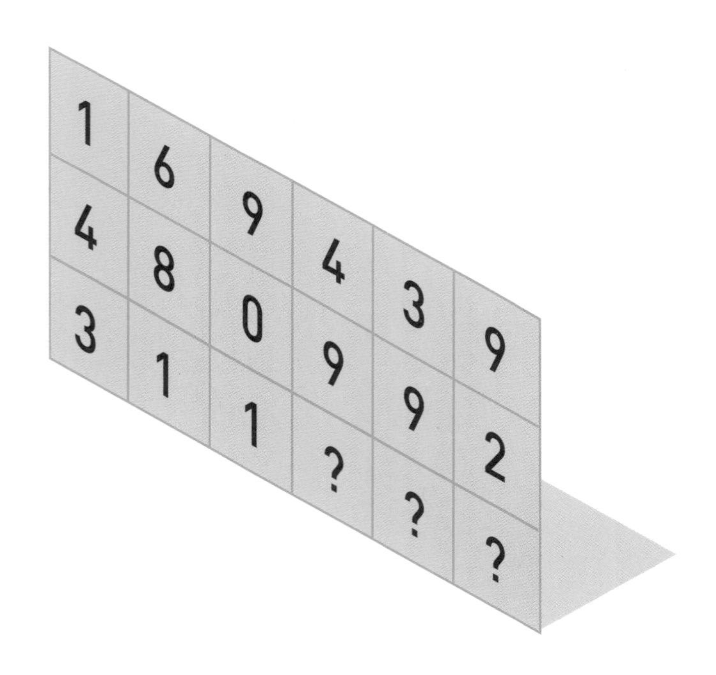

답: 218쪽

040

도형들이 어떤 규칙에 따라 나열되어 있다. 빈칸에 들어갈 도형은 무엇일까?

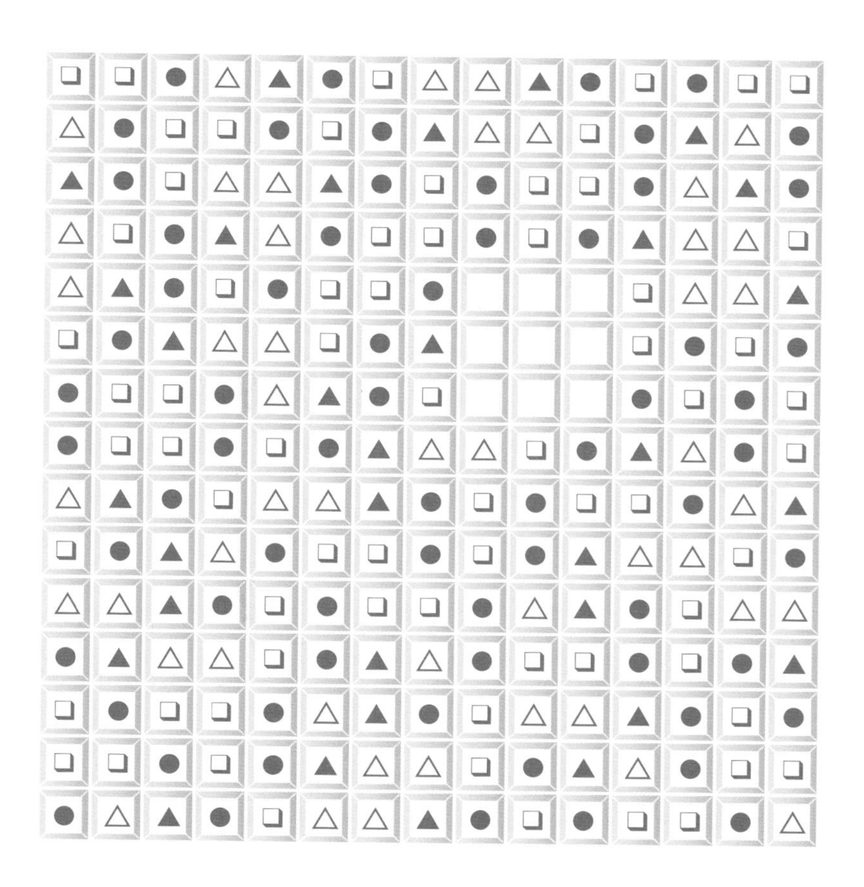

답 : 218쪽

도형들의 관계를 파악해보자. 빈칸에 들어갈 도형은 보기 A~E 중 어떤 것일까?

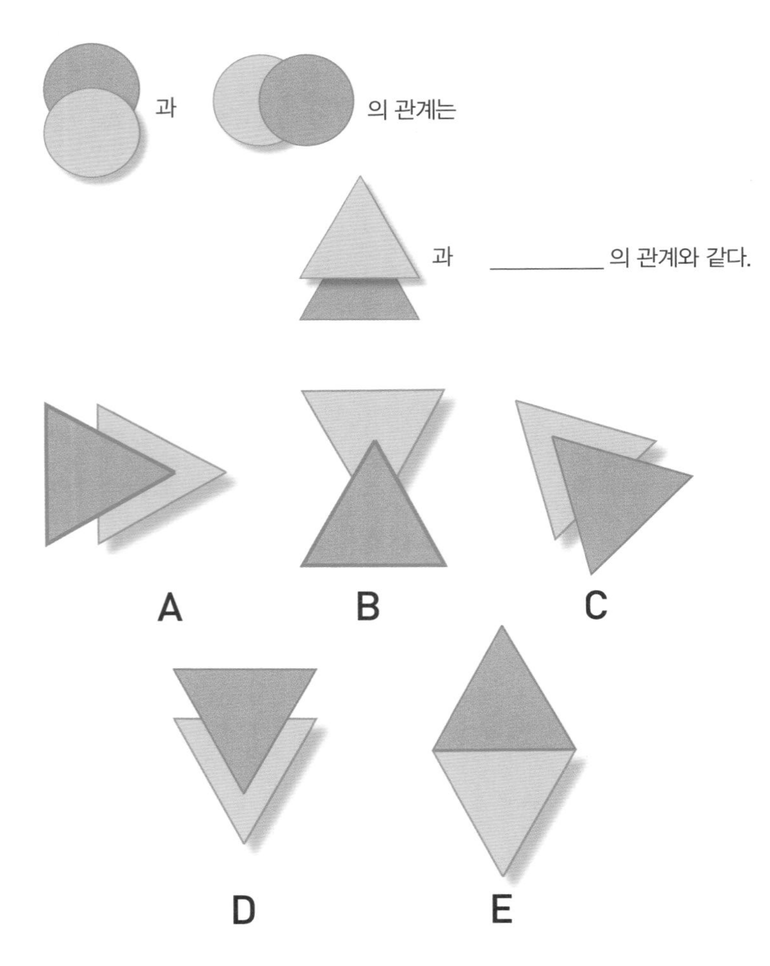

 답: 218쪽

마지막 저울이 균형을 이루려면 삼각기둥이 몇 개 필요할까?

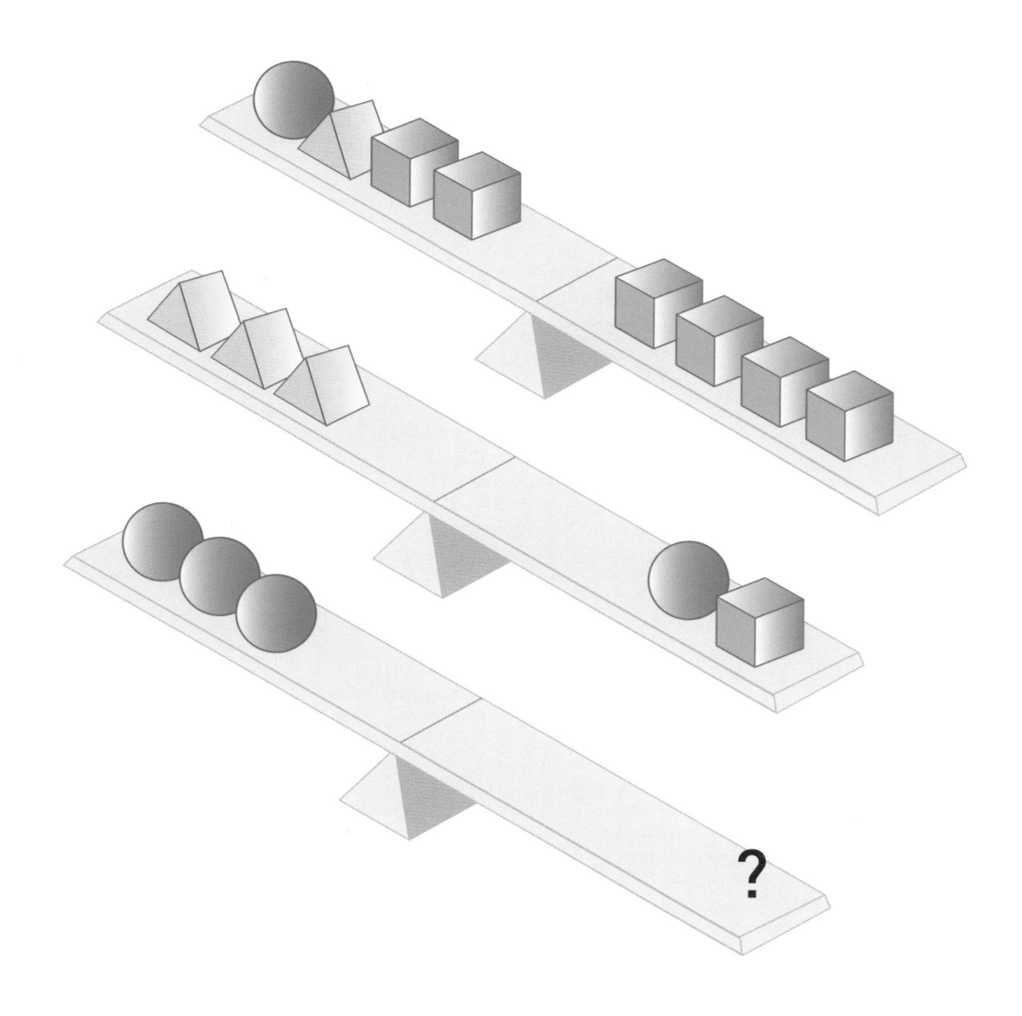

답:218쪽

아래 수식을 완성해야 한다. 괄호가 필요할 수도 있다. 수식을 완성하려면 숫자와 숫자 사이에 사칙연산 부호를 어떻게 넣어야 할까?

답: 218쪽

044

아래 조각들을 모아 하나의 도형을 만들 수 있다. 어떤 도형을 만들 수 있을까?

답:218쪽

045

아래 전개도로 만들 수 없는 주사위는 보기 A~E 중 어떤 것일까?

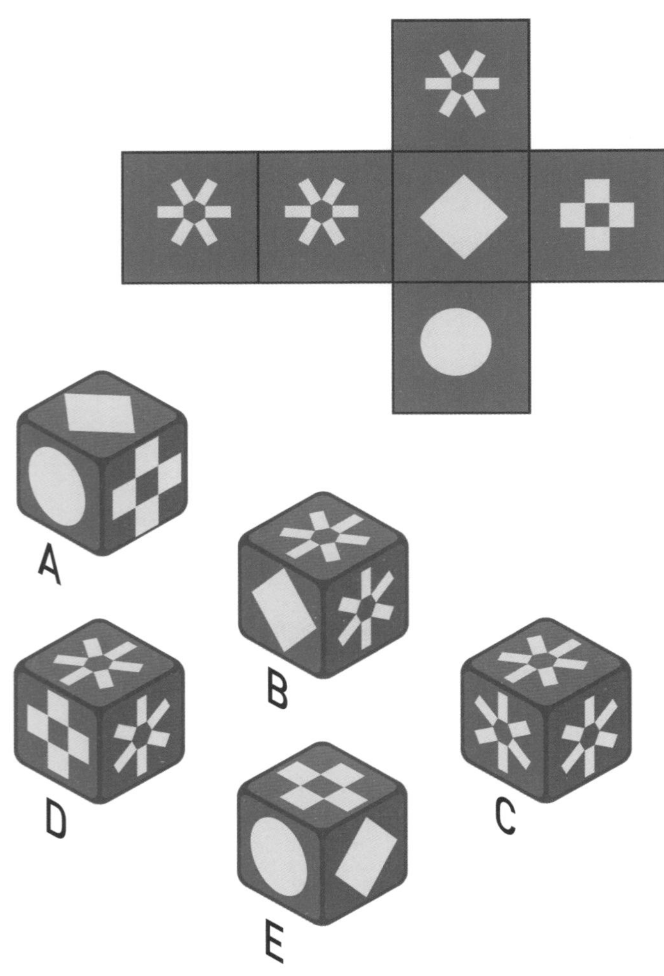

 답: 218쪽

다음에 올 그림은 보기 A~E 중 어떤 것일까?

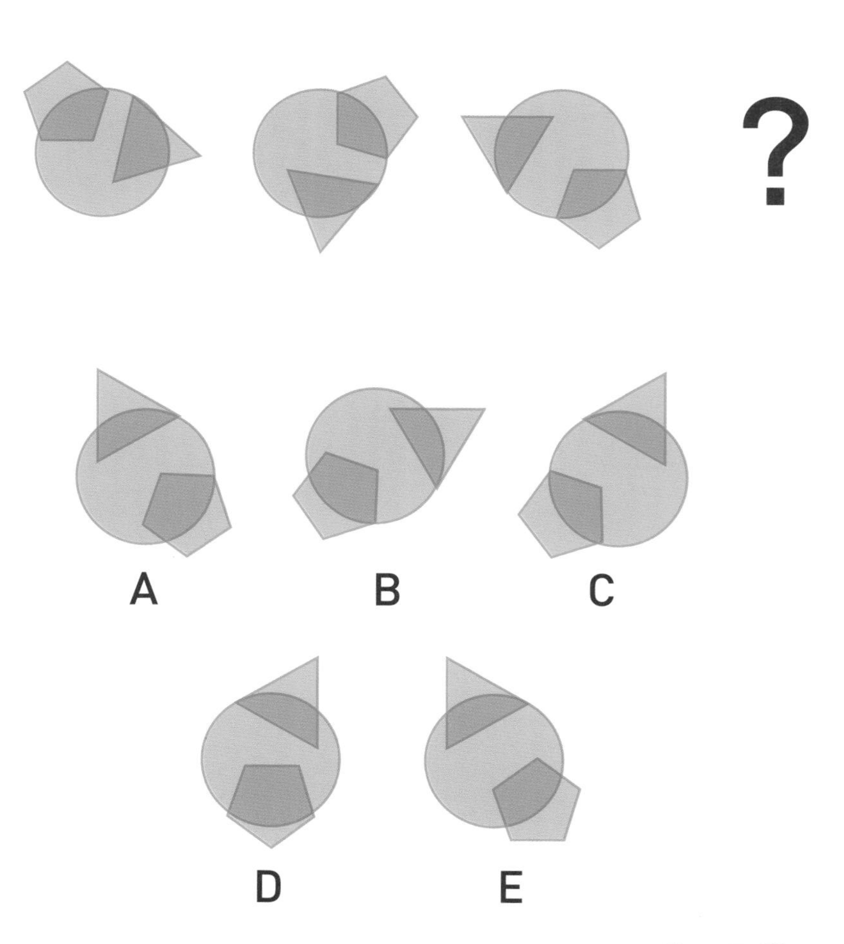

아래 숫자들은 다른 숫자와 일정한 관계가 있다. 물음표에 들어갈 숫자는 무엇일까?

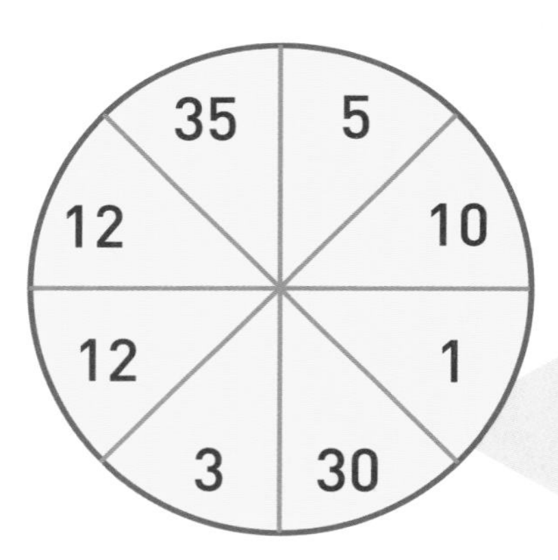

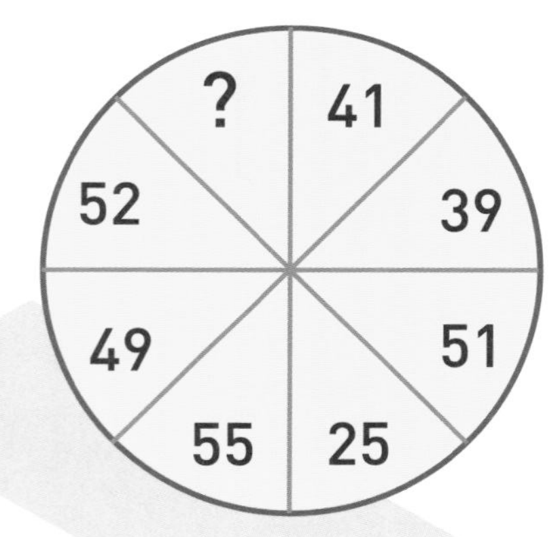

 답: 218쪽

빈칸 아래 숫자들이 있다. 이 숫자들로 표의 빈칸을 채워야 한다. 표를 어떻게 채워야 할까?

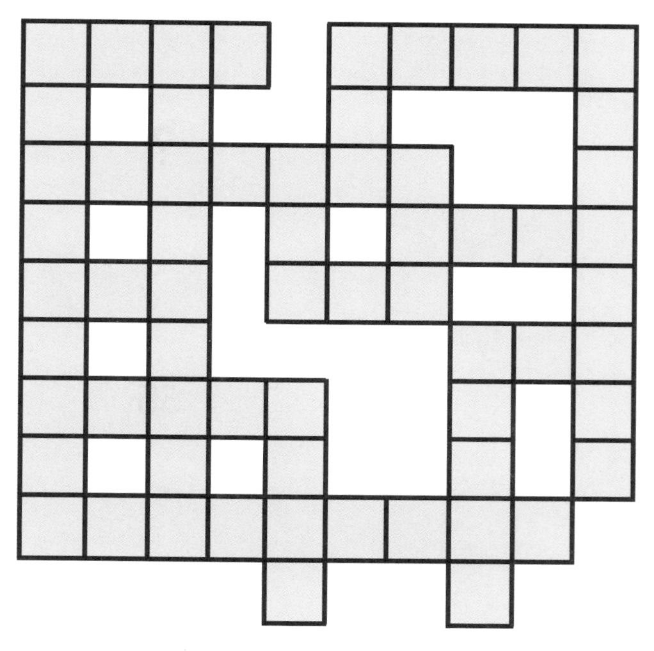

세 자릿수	네 자릿수	다섯 자릿수	일곱 자릿수	여덟 자릿수	아홉 자릿수
312	1642	36157	7034723	71230908	197896485
315	1993	46126			423738130
395	6325	87587			500524182
753					
889					
943					

답:219쪽

아래 숫자들은 다른 숫자와 일정한 관계가 있다. 물음표에 들어갈 숫자는 무엇일까?

답: 219쪽

맨 윗줄 왼쪽 1이 적힌 칸에서 출발해 맨 아랫줄 오른쪽 16이 적힌 칸에 도착해야 한다. 각 칸에는 이동 방향을 나타내는 화살표가 그려져 있고, 몇 번째로 그 칸을 지나는지 숫자가 적혀 있다. 빈칸에 숫자를 어떻게 채워야 할까?

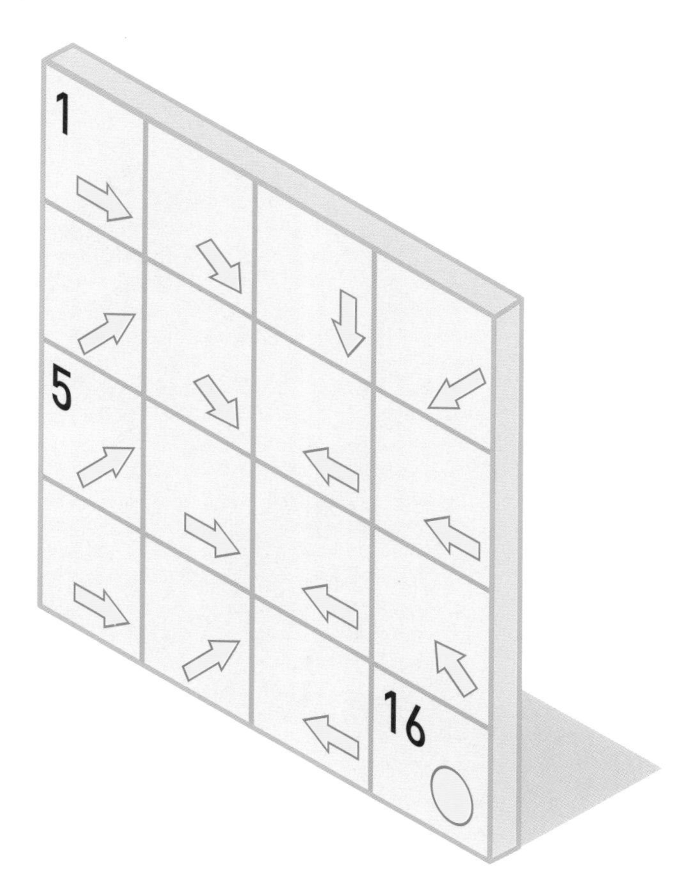

답: 219쪽

나머지와 다른 하나는 보기 A~E 중 어떤 것일까?

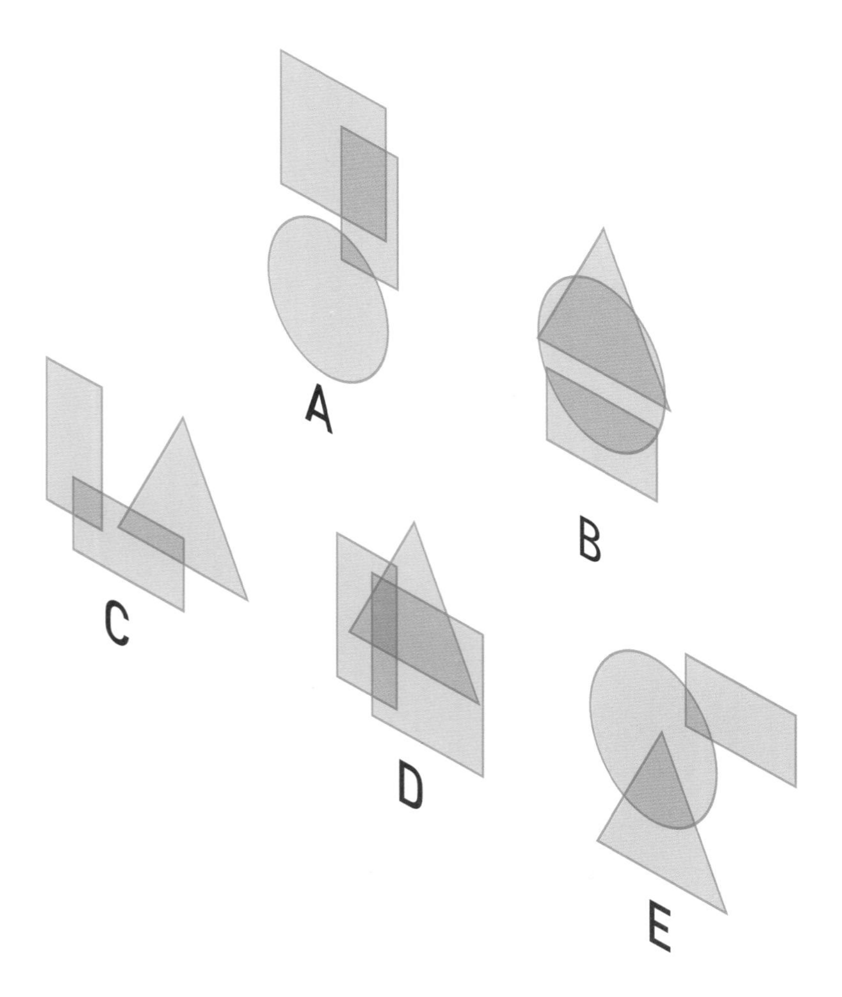

아래 도형과 결합했을 때 완벽한 원이 되는 것은 보기 A~D 중 어떤 것 일까?

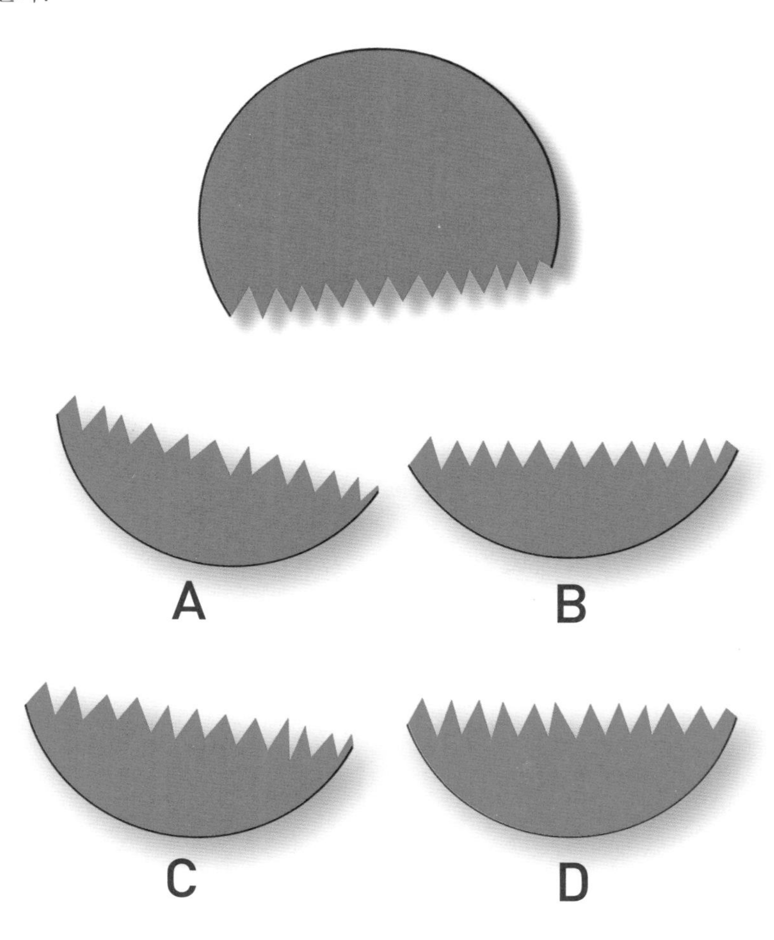

아래 그림에 직선 6개를 그어 6조각으로 나눠야 한다. 각 조각에는 사각형이 5개씩 들어가야 한다. 직선을 어떻게 그어야 할까?

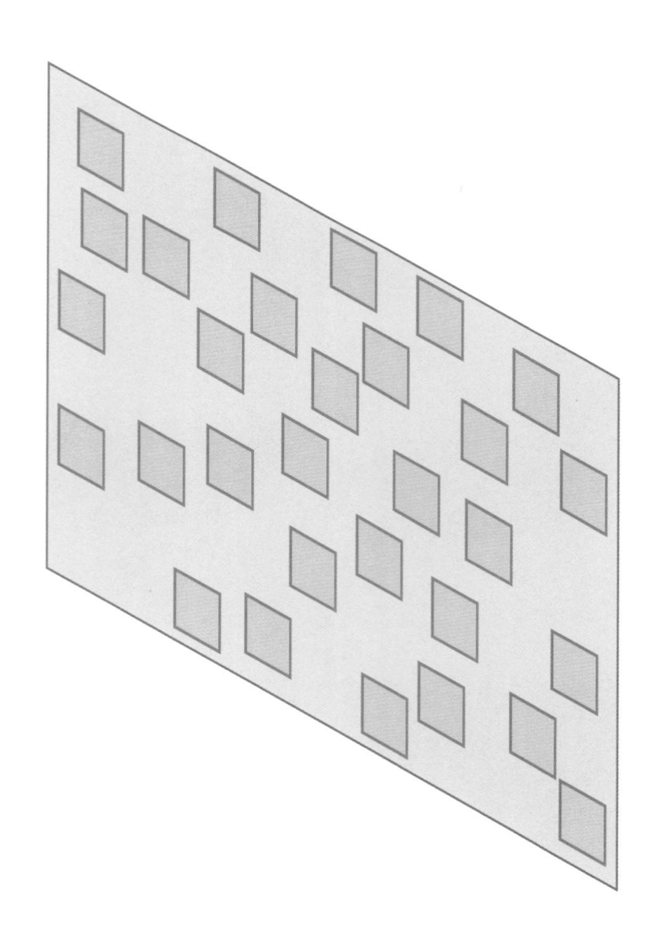

 답: 219쪽

054

아래 숫자들은 다른 숫자와 일정한 관계가 있다. 물음표에 들어갈 숫자는 무엇일까?

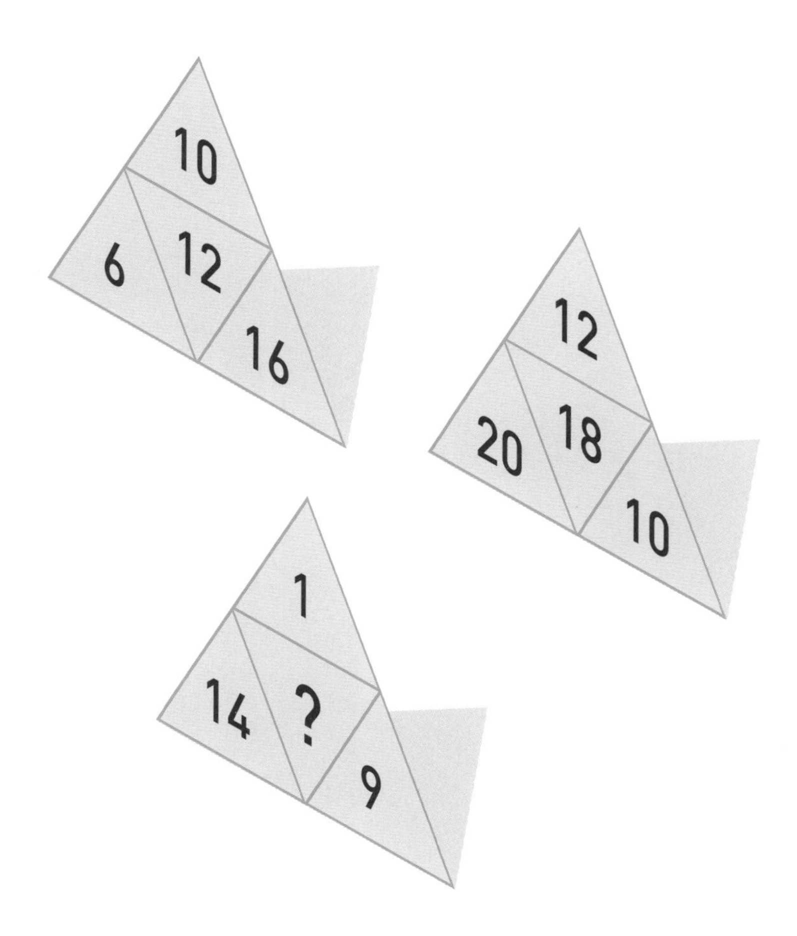

답:219쪽

아래 그림의 가로줄과 세로줄 끝에 적힌 숫자는 그 줄에 그려진 도형이 나타내는 숫자를 더한 값이다. 삼각형, 사각형, 원이 나타내는 숫자는 무엇일까?

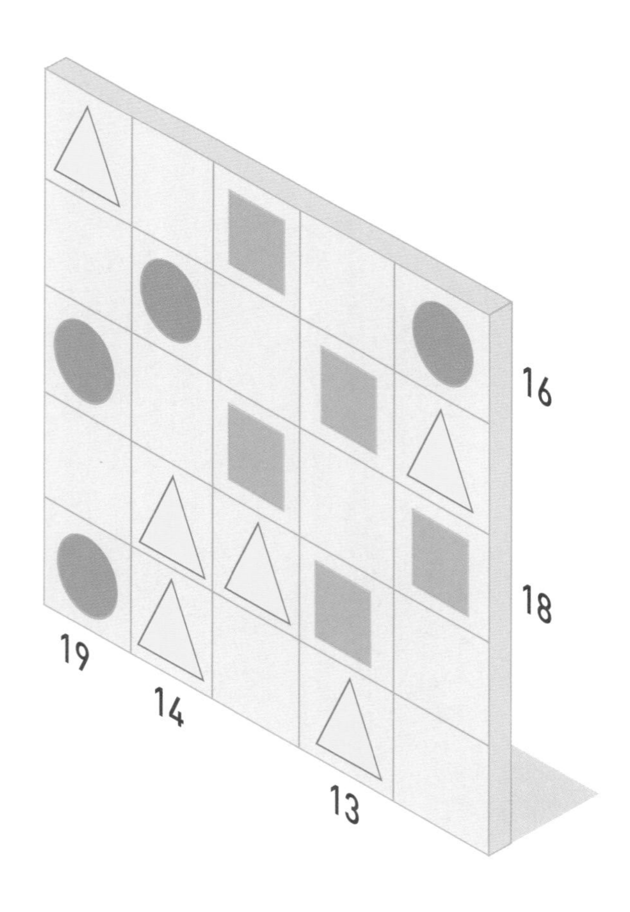

 답: 219쪽

아래 숫자들은 다른 숫자와 일정한 관계가 있다. 물음표에 들어갈 숫자는 무엇일까?

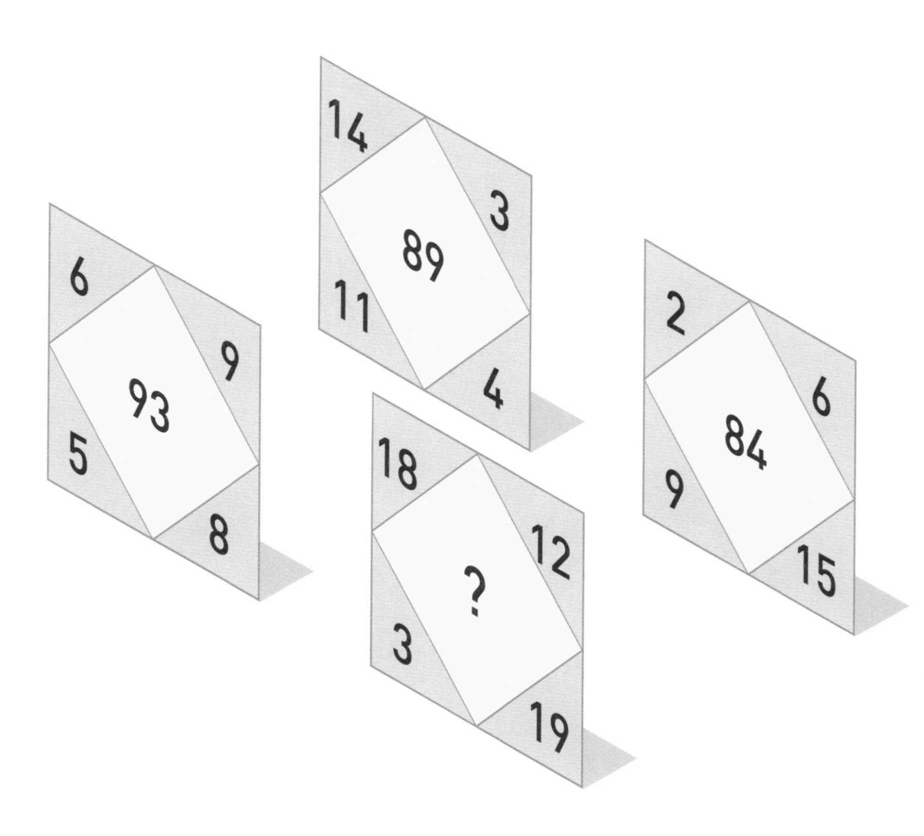

답:219쪽

물음표가 적힌 시계는 몇 시를 가리켜야 할까?

 답: 220쪽

다음 글자들을 조합해서 유명인 이름 10개를 만들 수 있다. 글자는 한 번씩만 쓸 수 있다. 유명인 10명의 이름은 무엇일까?

HINT : 영화배우

NING	ORE	YNE	NU
HIDD	TON	KEA	VES
TER	CHAN	LEN	CAGE
LES	AL	BEN	SON
VES	AFF	TIM	SYL
LONE	LECK	LAS	REE
RUS	WE	TAT	TOM
DWA	NICO	BAR	SELL
UM	CRO	STAL	
JOHN	DREW	RYM	

답:220쪽

아래 숫자들은 다른 숫자와 일정한 관계가 있다. 물음표에 들어갈 숫자는 무엇일까?

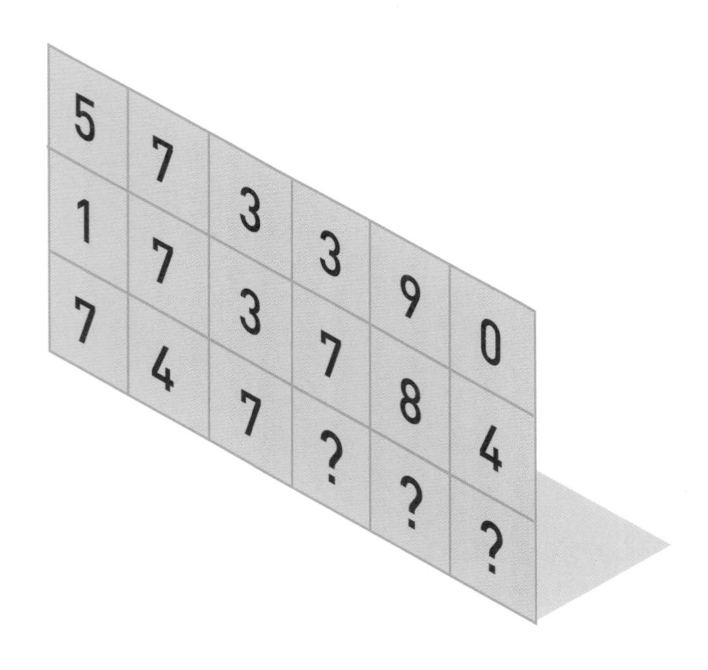

 답: 220쪽

도형들이 어떤 규칙에 따라 나열되어 있다. 빈칸에 들어갈 도형은 무엇일까?

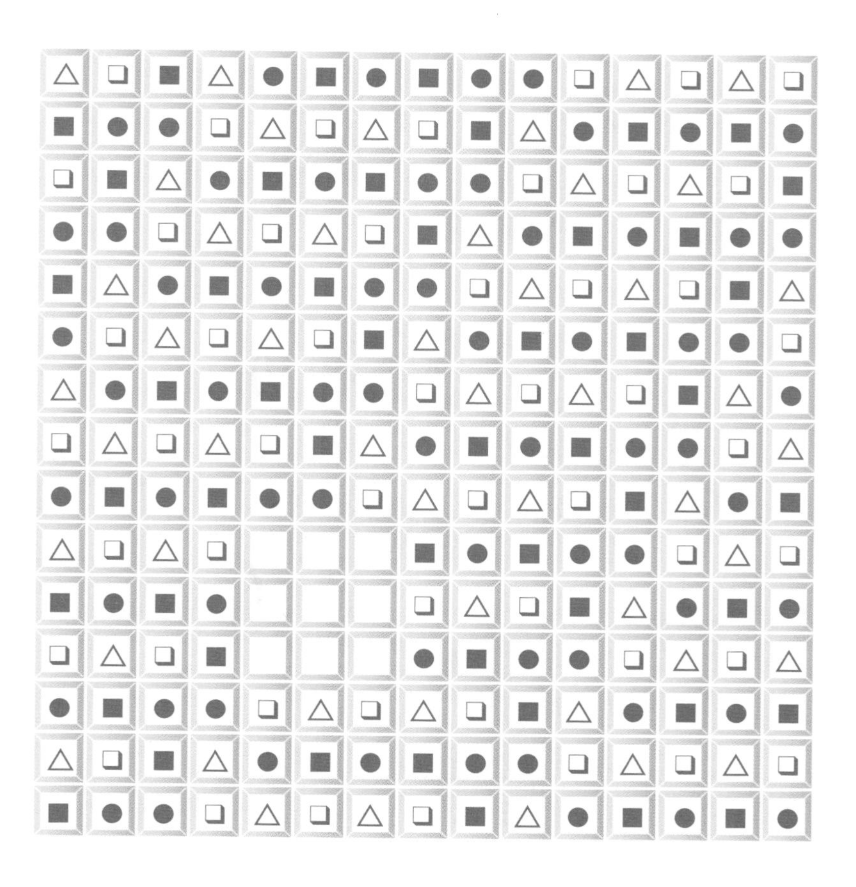

답: 220쪽

아래 조각들을 모아 하나의 도형을 만들 수 있다. 어떤 도형을 만들 수 있을까?

마지막 저울이 균형을 이루려면 삼각기둥이 몇 개 필요할까?

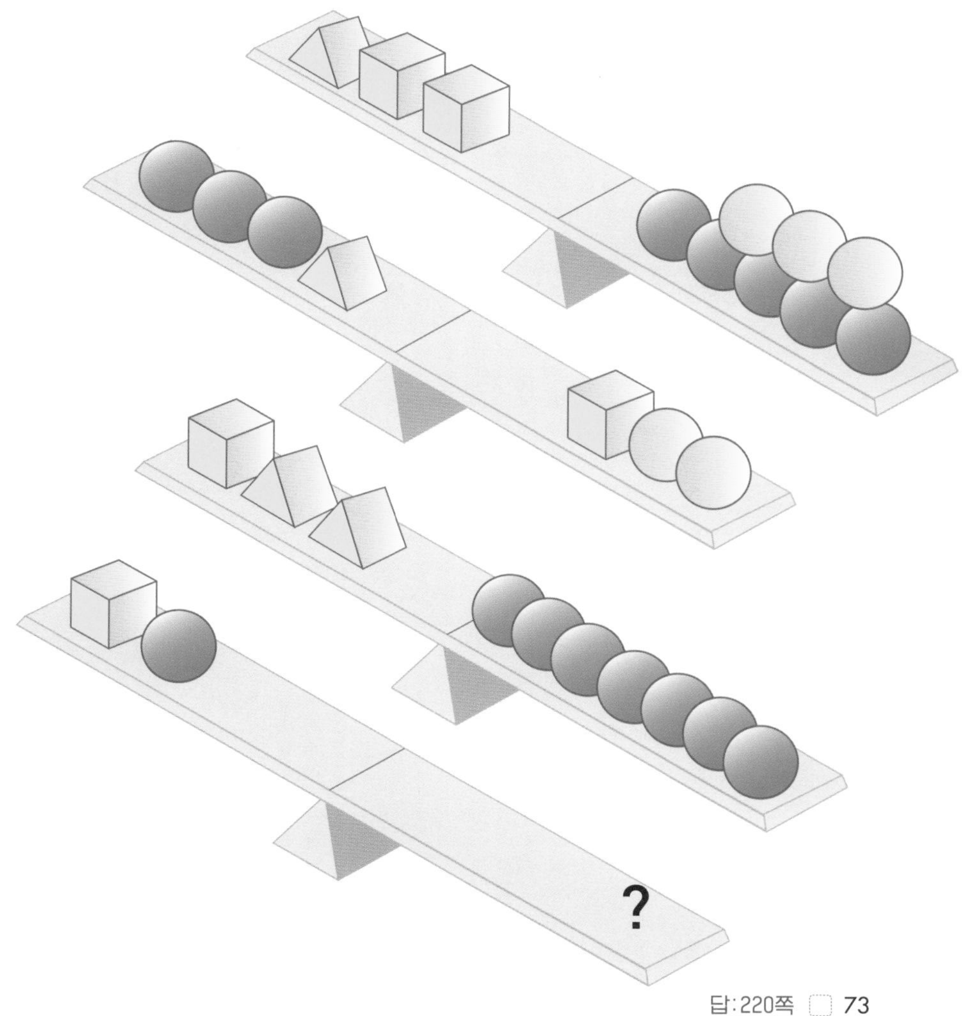

답:220쪽

아래 수식을 완성해야 한다. 괄호가 필요할 수도 있다. 수식을 완성하려면 숫자와 숫자 사이에 사칙연산 부호를 어떻게 넣어야 할까?

 답: 220쪽

064

맨 윗줄 왼쪽 1이 적힌 칸에서 출발해 맨 아랫줄 오른쪽 16이 적힌 칸에 도착해야 한다. 각 칸에는 이동 방향을 나타내는 화살표가 그려져 있고, 몇 번째로 그 칸을 지나는지 숫자가 적혀 있다. 빈칸에 숫자를 어떻게 채워야 할까?

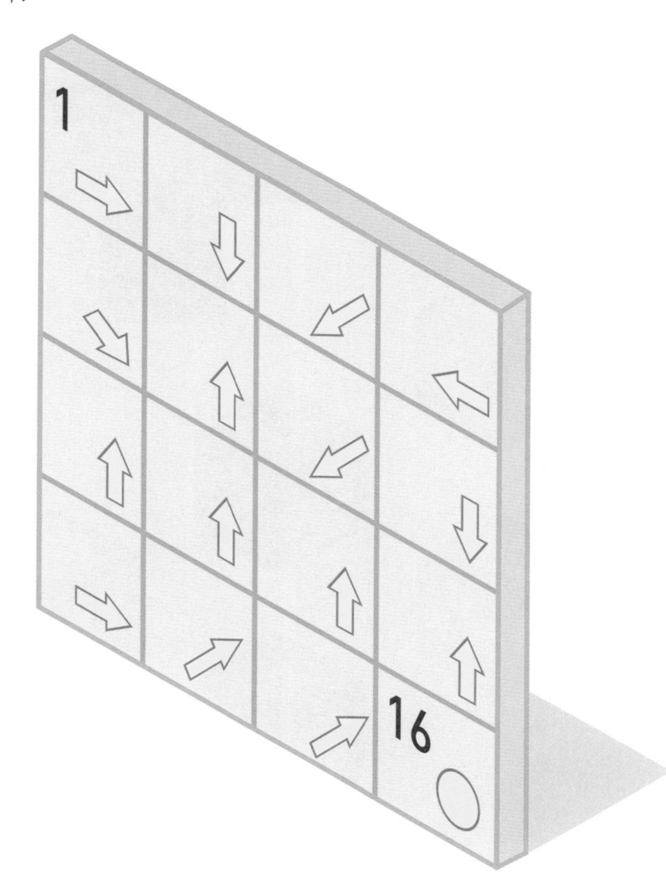

아래 전개도로 만들 수 없는 주사위는 보기 A~E 중 어떤 것일까?

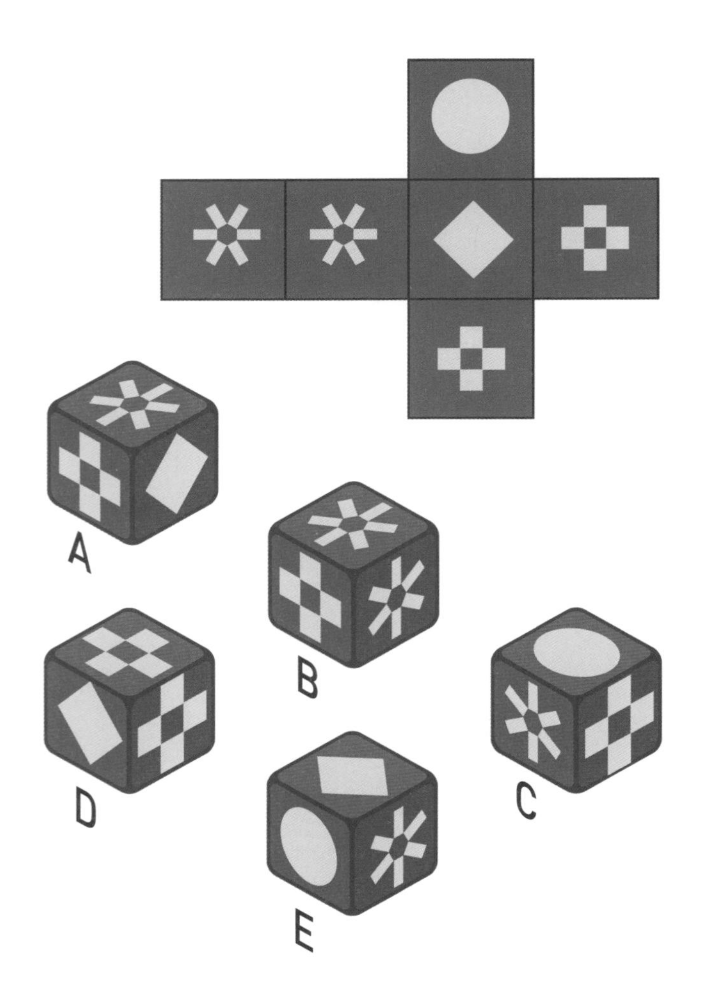

 답: 221쪽

다음에 올 그림은 보기 A~E 중 어떤 것일까?

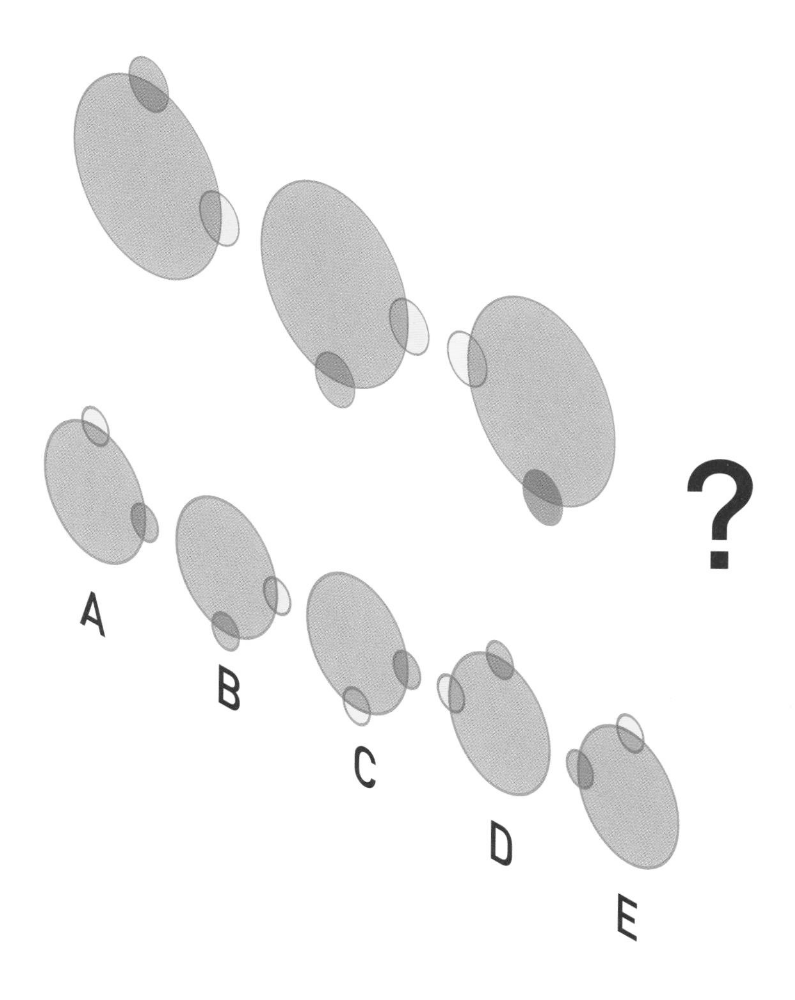

답: 221쪽

아래 숫자들은 다른 숫자와 일정한 관계가 있다. 물음표에 들어갈 숫자는 무엇일까?

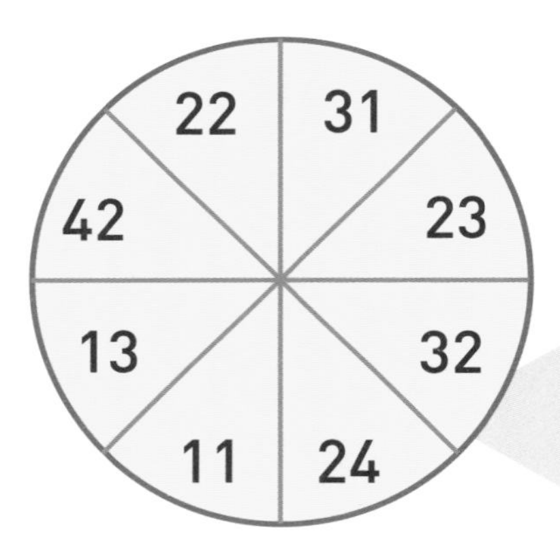

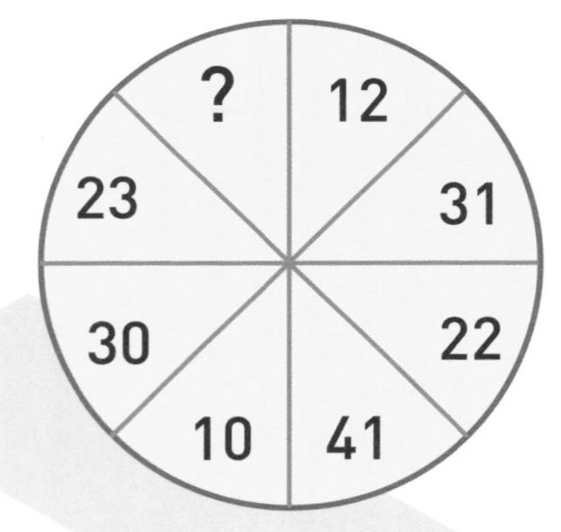

 답: 221쪽

빈칸 아래 숫자들이 있다. 이 숫자들로 표의 빈칸을 채워야 한다. 표를 어떻게 채워야 할까?

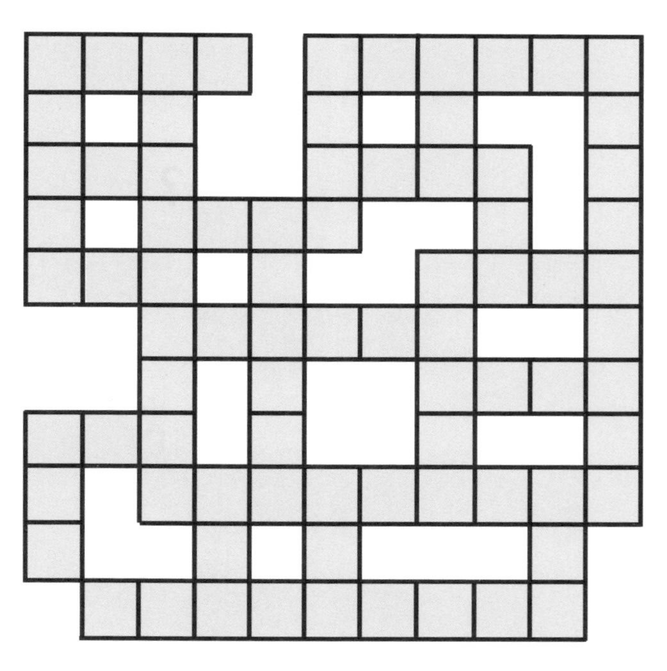

세 자릿수	네 자릿수	다섯 자릿수	여섯 자릿수	아홉 자릿수
187	1662	16871	862098	371837789
434	2599	88584	902091	541484449
471	5917		907063	625278445
478	7424			818354914
495	8113			
792	9879			
814				
851				
875				

답:221쪽

아래 숫자들은 다른 숫자와 일정한 관계가 있다. 물음표에 들어갈 숫자는 무엇일까?

답: 221쪽

나머지와 다른 하나는 보기 A~E 중 어떤 것일까?

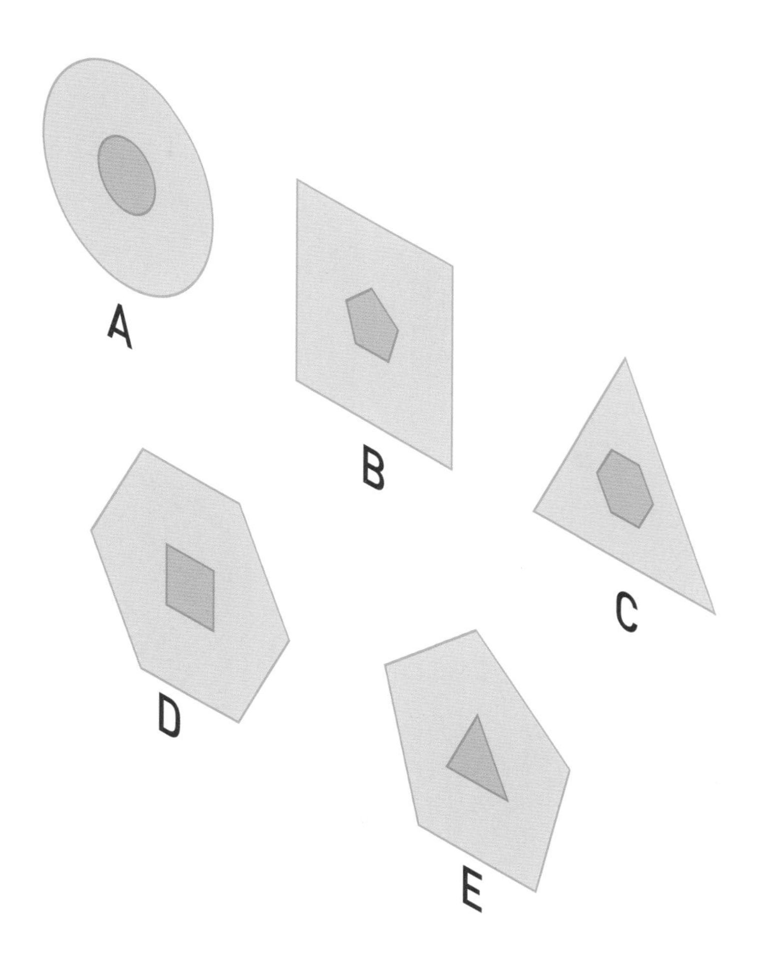

답: 221쪽

도형들의 관계를 파악해보자. 빈칸에 들어갈 도형은 보기 A~E 중 어떤 것일까?

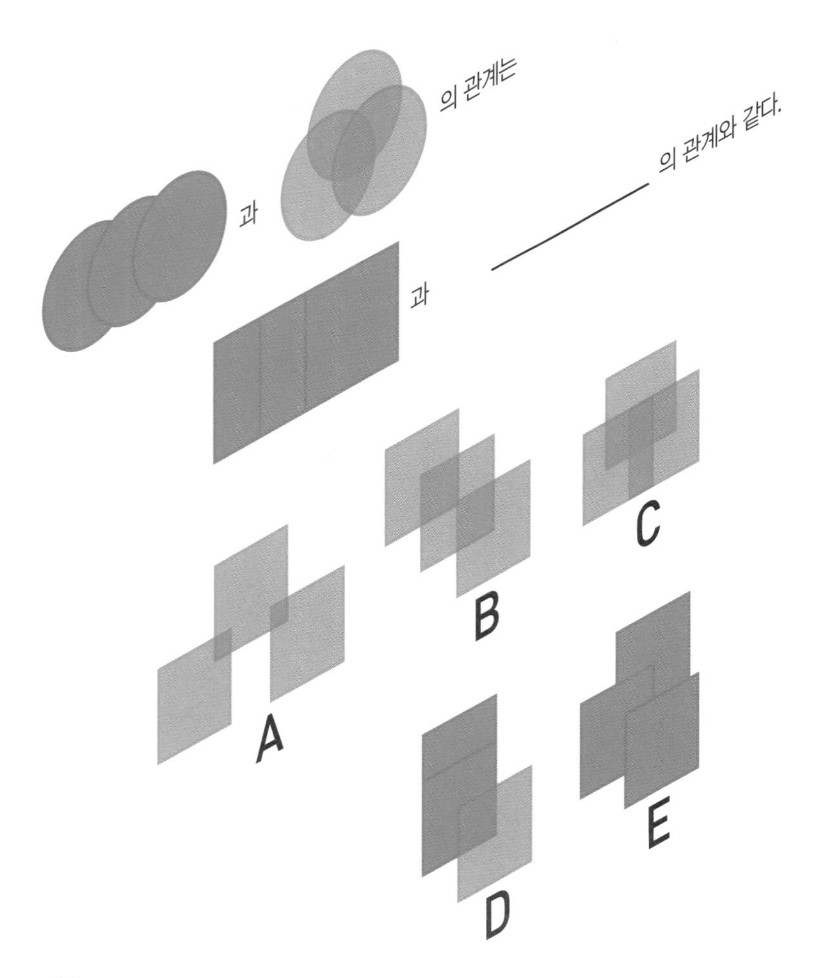

답: 221쪽

072

아래 도형과 결합했을 때 완벽한 원이 되는 것은 보기 A~D 중 어떤 것 일까?

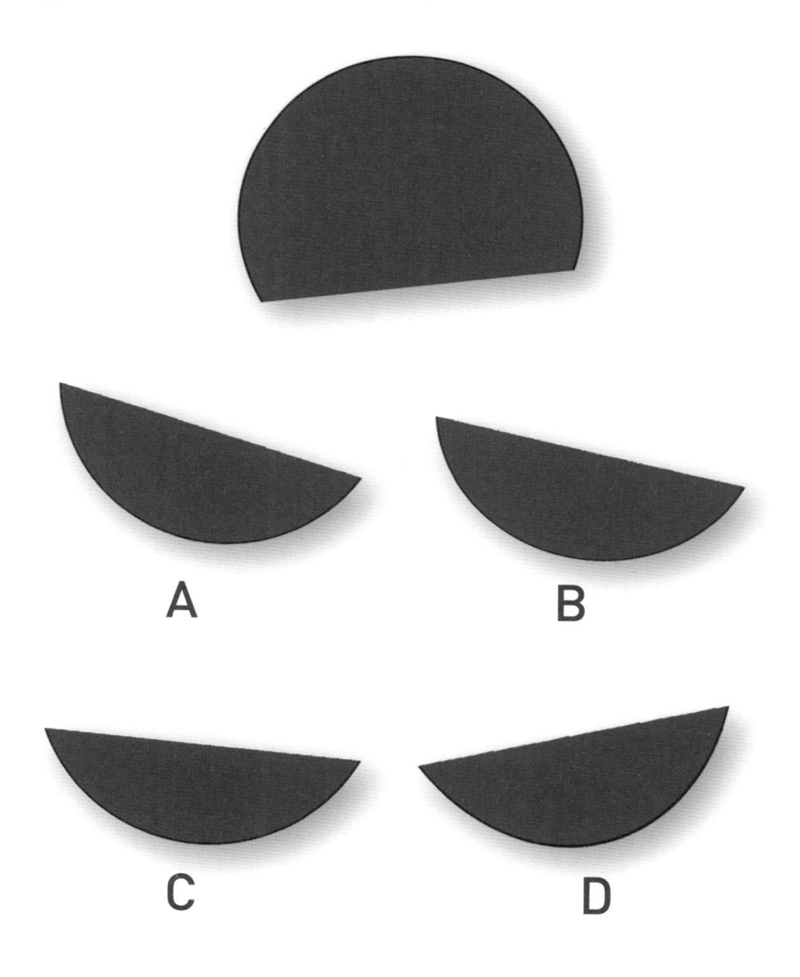

답:221쪽

아래 그림에 직선 11개를 그어 8조각으로 나눠야 한다. 각 조각에는 삼각형이 9개씩 들어가야 한다. 선을 어떻게 그어야 할까?

 답: 221쪽

074

아래 숫자들은 다른 숫자와 일정한 관계가 있다. 물음표에 들어갈 숫자는 무엇일까?

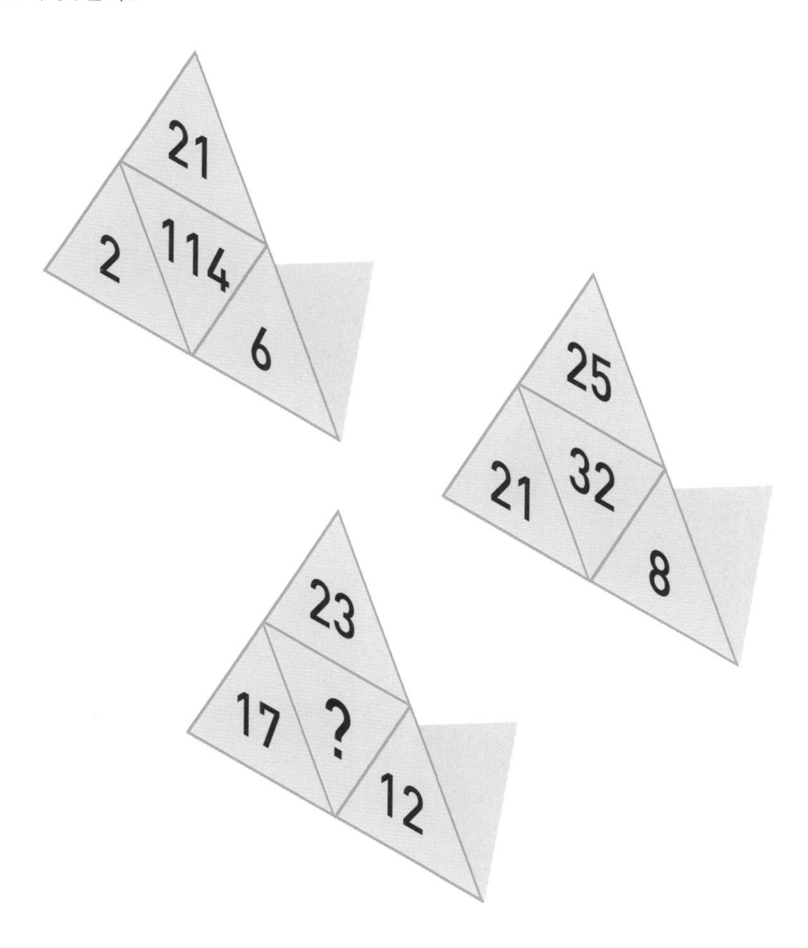

답: 221쪽

아래 그림의 가로줄과 세로줄 끝에 적힌 숫자는 그 줄에 그려진 도형이 나타내는 숫자를 더한 값이다. 삼각형, 사각형, 원, 별이 나타내는 숫자는 무엇일까?

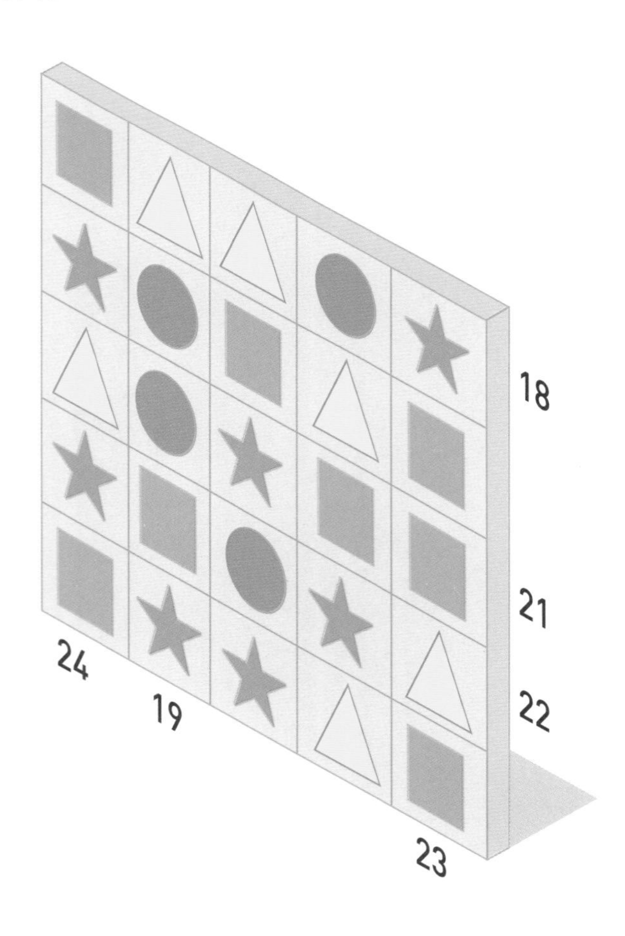

답: 222쪽

076

아래 숫자들은 다른 숫자와 일정한 관계가 있다. 물음표에 들어갈 숫자는 무엇일까?

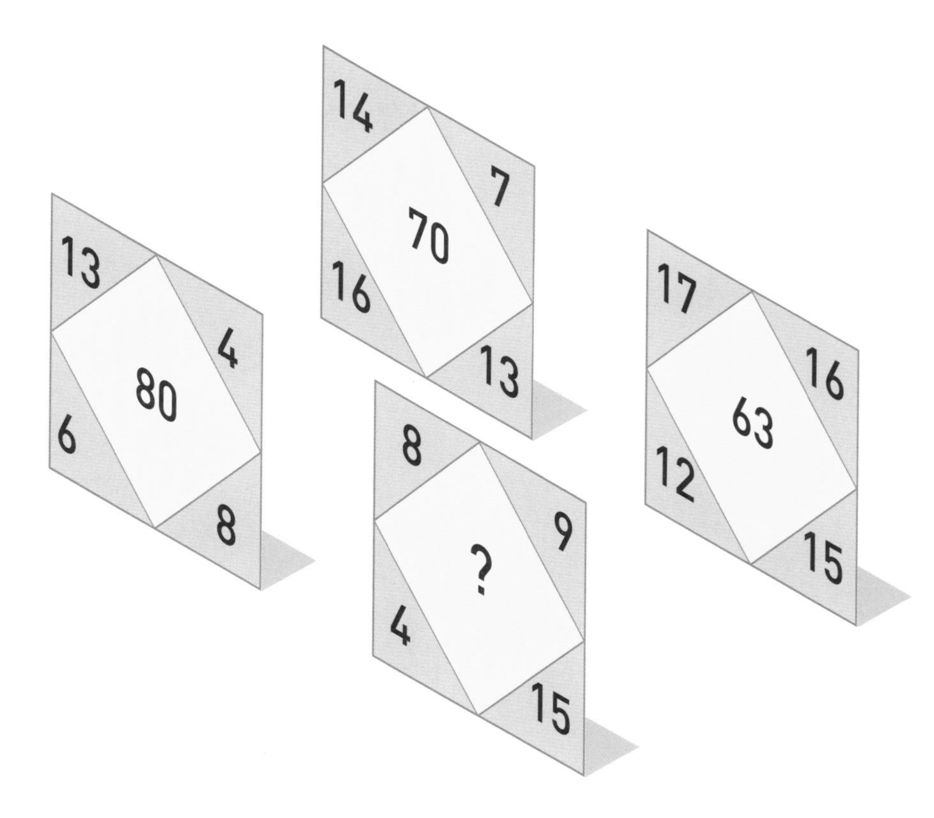

물음표가 적힌 시계는 몇 시를 가리켜야 할까?

답: 222쪽

다음 글자들을 조합해서 유명인 이름 10개를 만들 수 있다. 글자는 한 번씩만 쓸 수 있다. 유명인 10명의 이름은 무엇일까?

HINT : 영화배우

KATE	VE	WILL	ME
JAKE	ED	WAY	MI
DAN	GAN	HAAL	BU
CUM	ANNE	BILL	SLET
HA	BEN	ICT	RAY
CLI	BER	KE	SCE
WIN	MUR	BIN	CEY
STE	FOX	IAMS	RAD
GYLL	EN	BATCH	FFE
VIN	SPA	IEL	RO
			THA

답:222쪽

아래 숫자들은 다른 숫자와 일정한 관계가 있다. 물음표에 들어갈 숫자는 무엇일까?

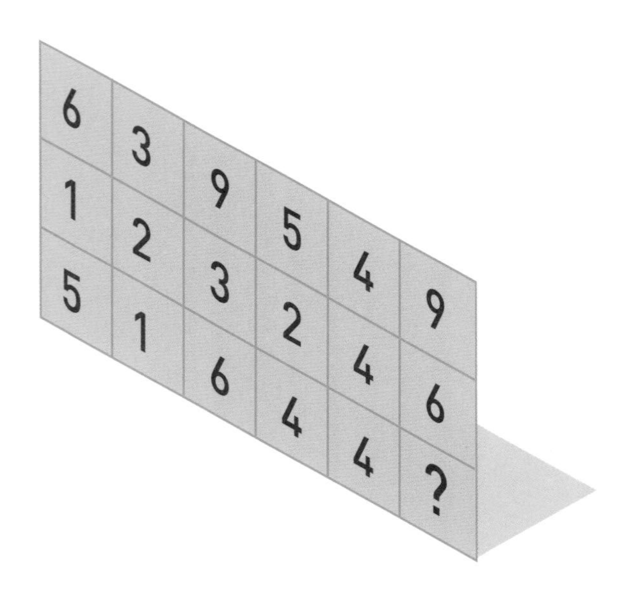

도형들이 어떤 규칙에 따라 나열되어 있다. 빈칸에 들어갈 도형은 무엇일까?

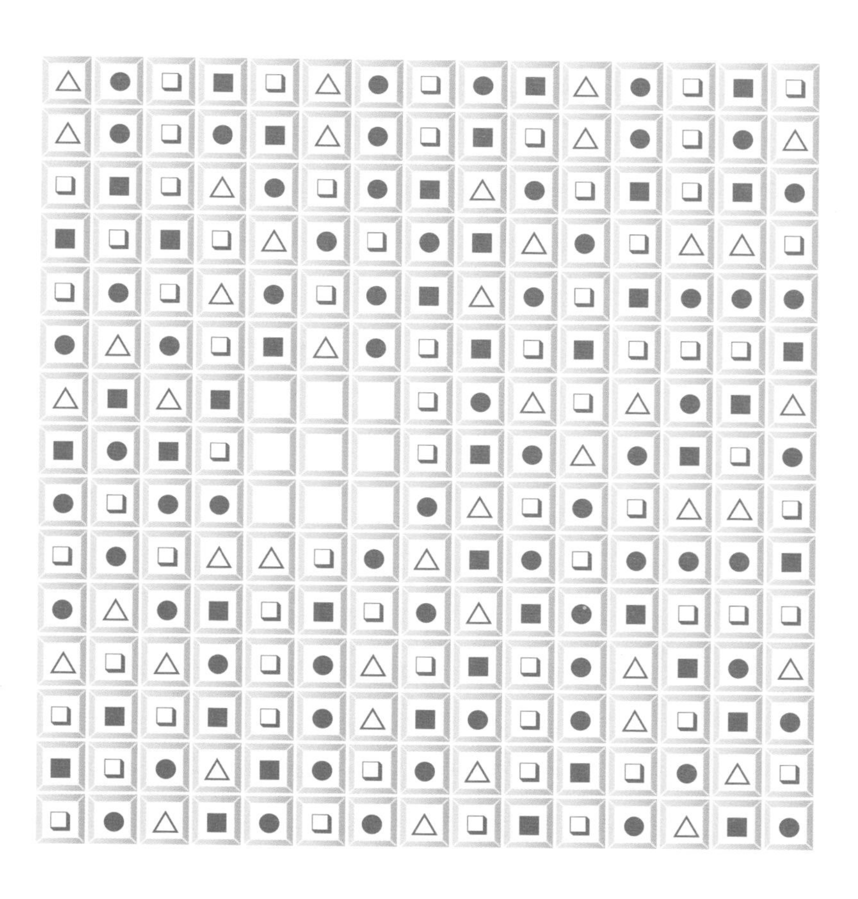

답:222쪽

아래 도형과 결합했을 때 완벽한 정사각형이 되는 것은 보기 A~D 중 어떤 것일까?

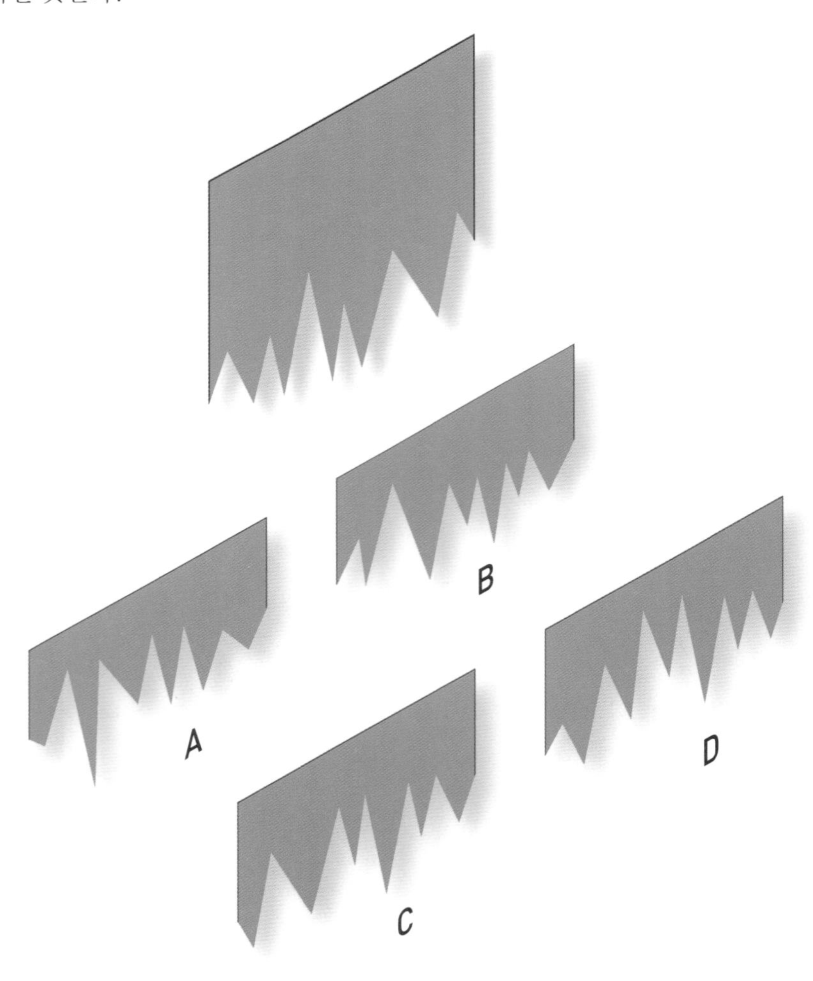

 답: 222쪽

마지막 저울이 균형을 이루려면 삼각기둥이 몇 개 필요할까?

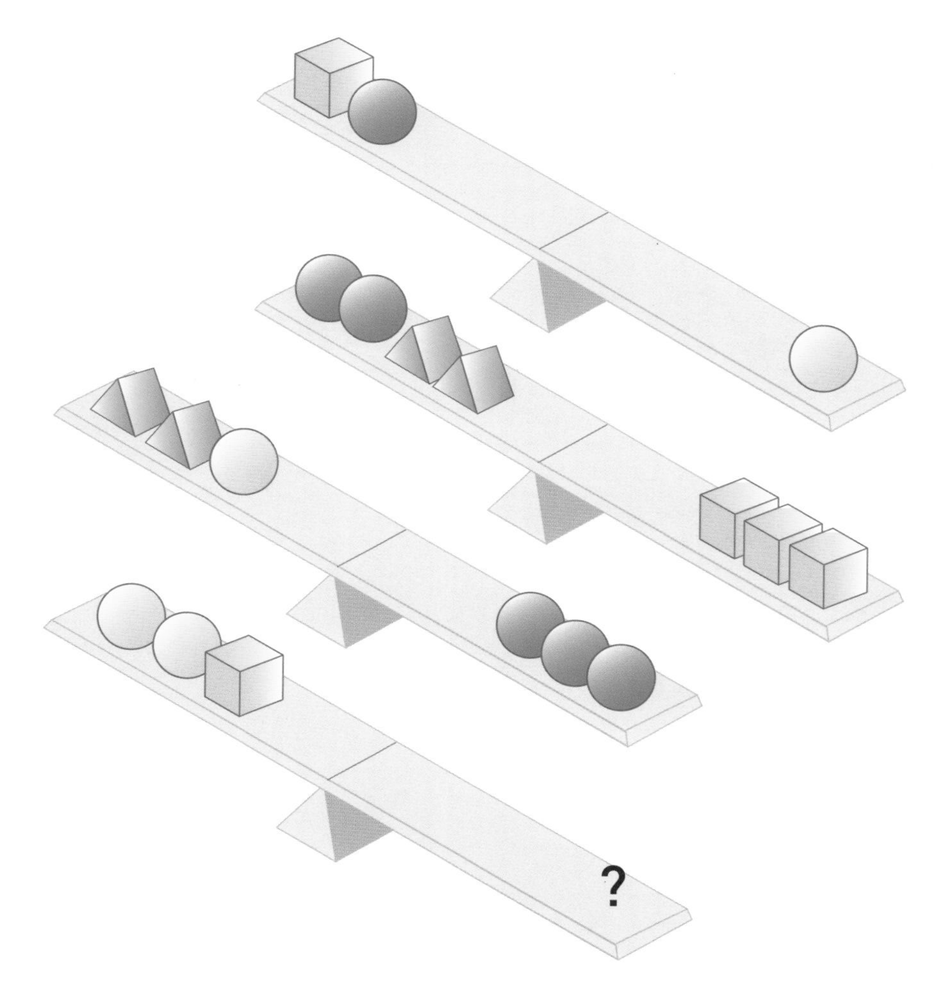

답: 222쪽

083

아래 수식을 완성해야 한다. 괄호가 필요할 수도 있다. 수식을 완성하려면 숫자와 숫자 사이에 사칙연산 부호를 어떻게 넣어야 할까?

23 25 2 8 38 6 = 19

답: 223쪽

084

맨 윗줄 왼쪽 1이 적힌 칸에서 출발해 맨 아랫줄 오른쪽 25가 적힌 칸에 도착해야 한다. 각 칸에는 이동 방향을 나타내는 화살표가 그려져 있고, 몇 번째로 그 칸을 지나는지 숫자가 적혀 있다. 빈칸에 숫자를 어떻게 채워야 할까?

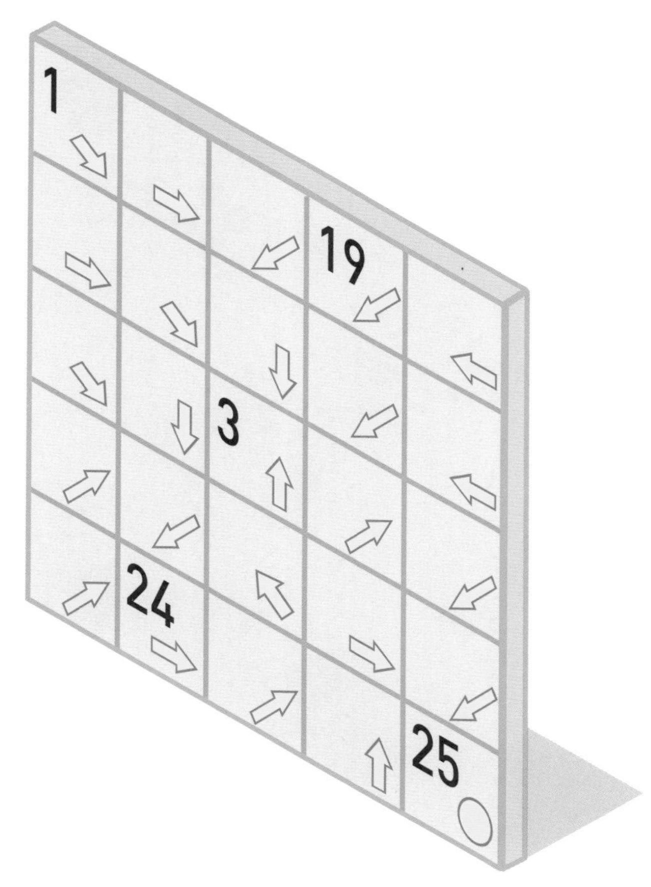

답: 223쪽

아래 전개도로 만들 수 없는 주사위는 보기 A~E 중 어떤 것일까?

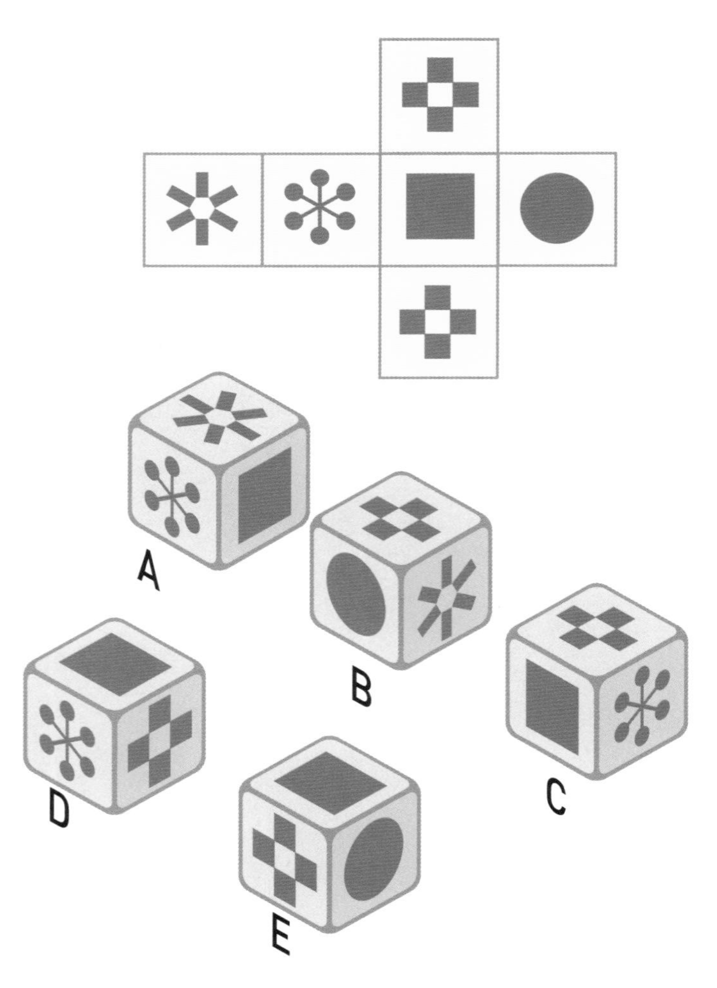

 답 : 223쪽

다음에 올 그림은 보기 A~E 중 어떤 것일까?

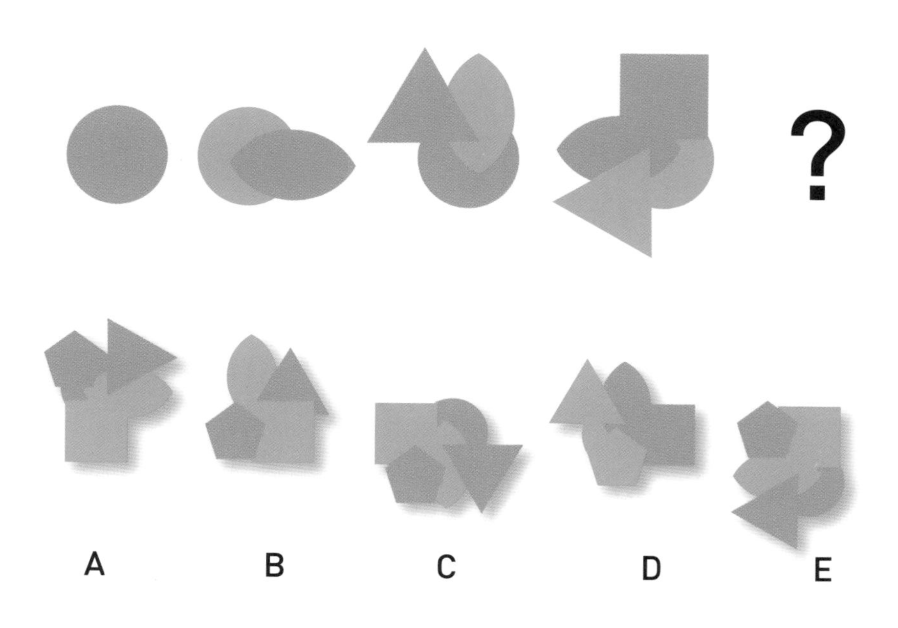

답:223쪽

087

아래 숫자들은 다른 숫자와 일정한 관계가 있다. 물음표에 들어갈 숫자는 무엇일까?

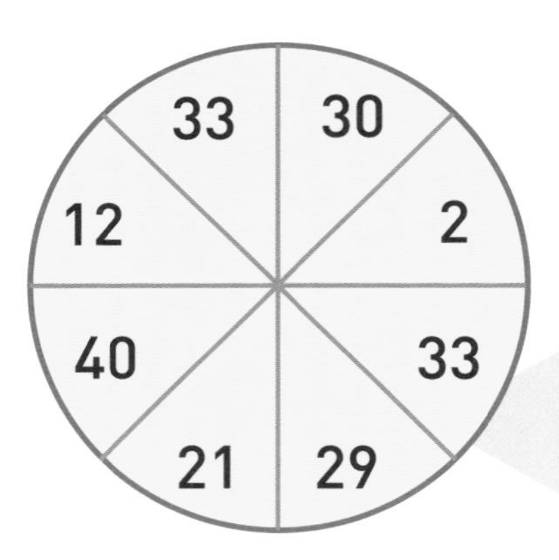

?
18
46
58
32
13
20
7

 답: 223쪽

088

빈칸 아래 숫자들이 있다. 이 숫자들로 표의 빈칸을 채워야 한다. 표를 어떻게 채워야 할까?

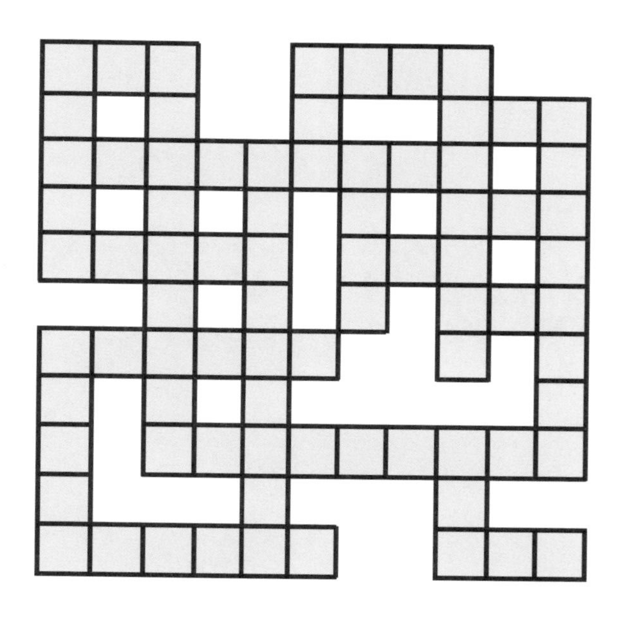

세 자릿수	네 자릿수	다섯 자릿수	여섯 자릿수	여덟 자릿수	아홉 자릿수
106	3276	44836	455790	86433649	134584575
228	5505	48843	644004		413799160
576		91874			531196179
610			**일곱 자릿수**		874246384
723			5247178		
751					
754					
911					

답: 223쪽

아래 숫자들은 다른 숫자와 일정한 관계가 있다. 물음표에 들어갈 숫자는 무엇일까?

답: 223쪽

나머지와 다른 하나는 보기 A~E 중 어떤 것일까?

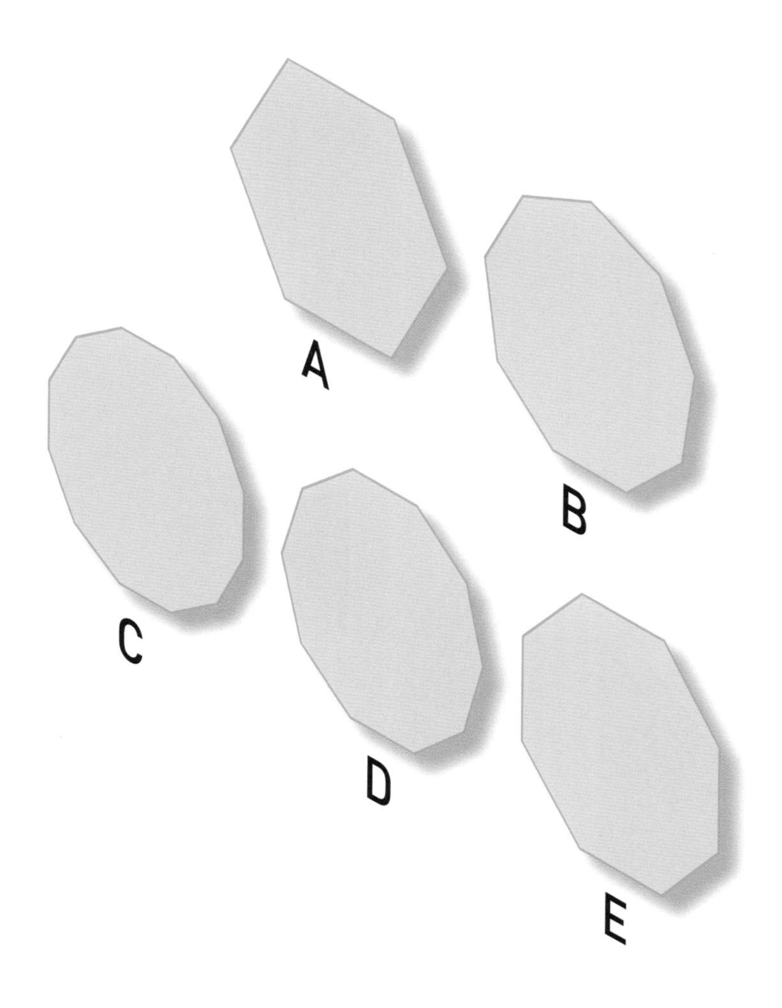

답: 223쪽

091

도형들의 관계를 파악해보자. 빈칸에 들어갈 도형은 보기 A~E 중 어떤 것일까?

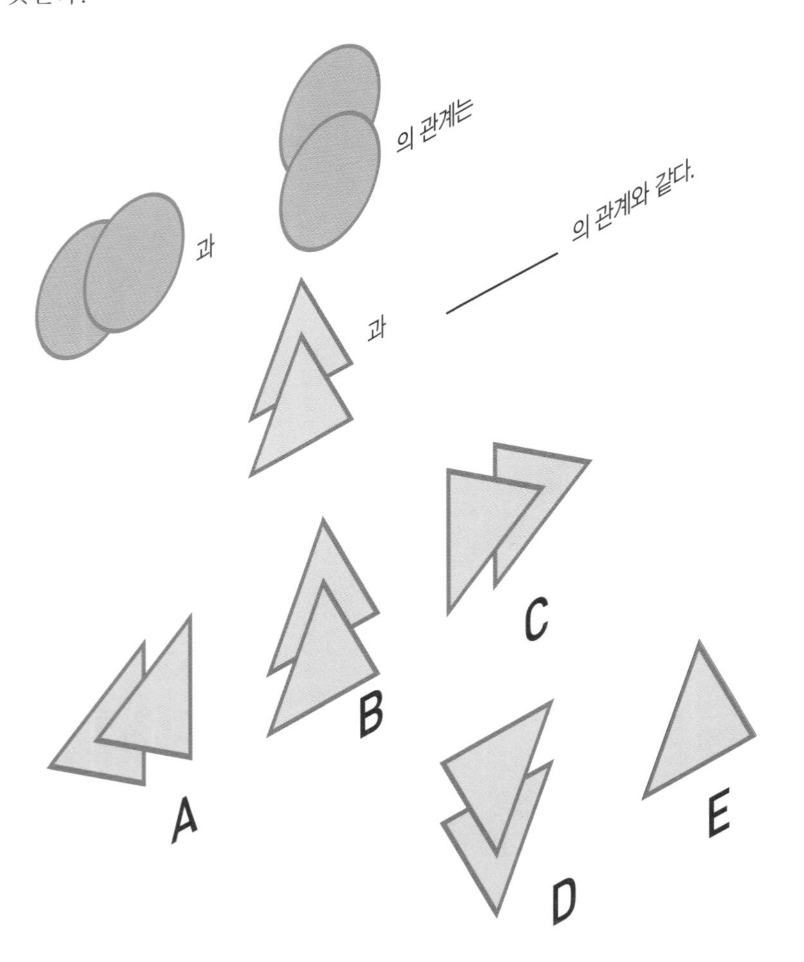

아래 조각들을 모아 하나의 도형을 만들 수 있다. 어떤 도형을 만들 수 있을까?

답:223쪽

아래 그림에 직선 4개를 그어 8조각으로 나눠야 한다. 각 조각에는 공이 11개씩 들어가야 한다. 직선을 어떻게 그어야 할까?

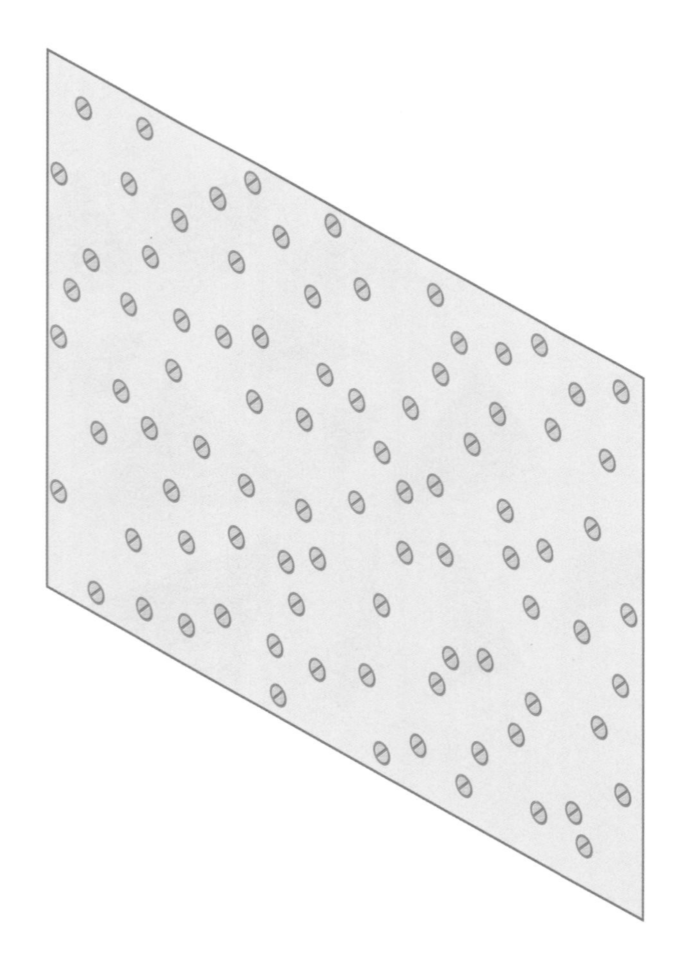

 답: 224쪽

094

아래 숫자들은 다른 숫자와 일정한 관계가 있다. 물음표에 들어갈 숫자는 무엇일까?

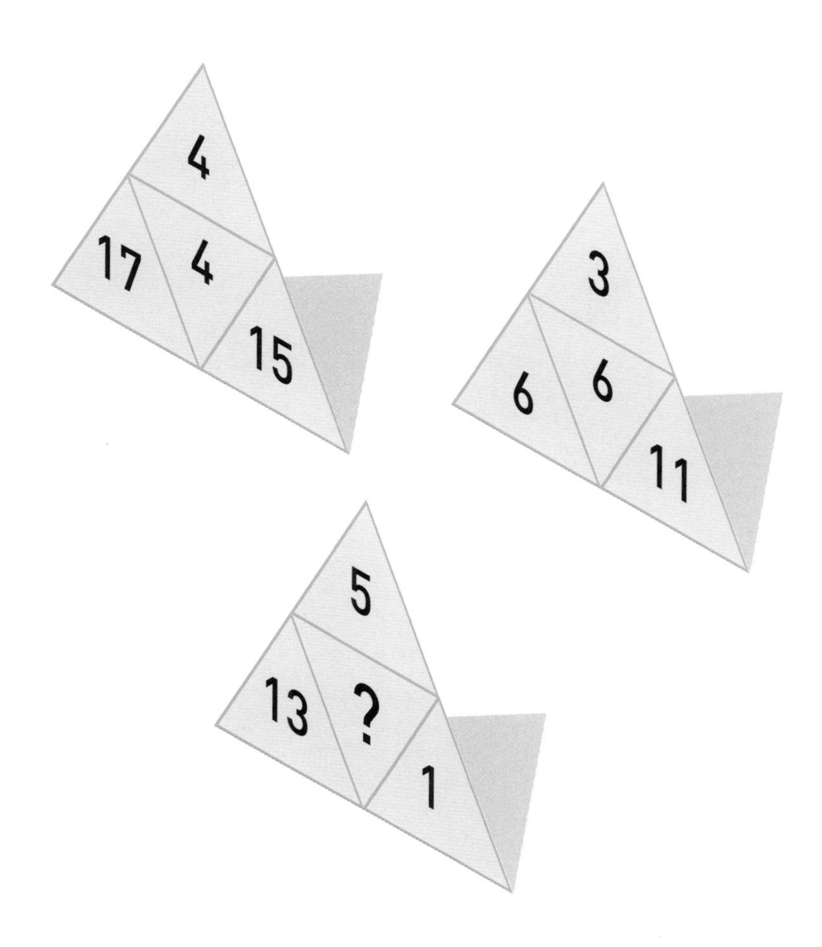

답:224쪽

아래 그림의 가로줄 끝에 적힌 숫자는 그 줄에 그려진 도형이 나타내는 숫자를 더한 값이다. 삼각형, 사각형, 원, 별이 나타내는 숫자는 무엇일까?

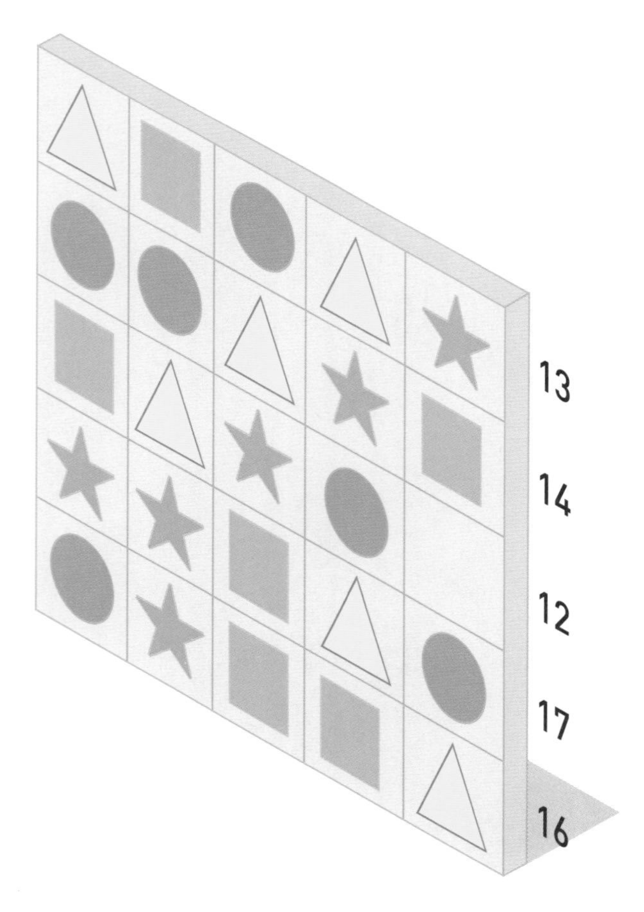

 답: 224쪽

096

아래 숫자들은 다른 숫자와 일정한 관계가 있다. 물음표에 들어갈 숫자는 무엇일까?

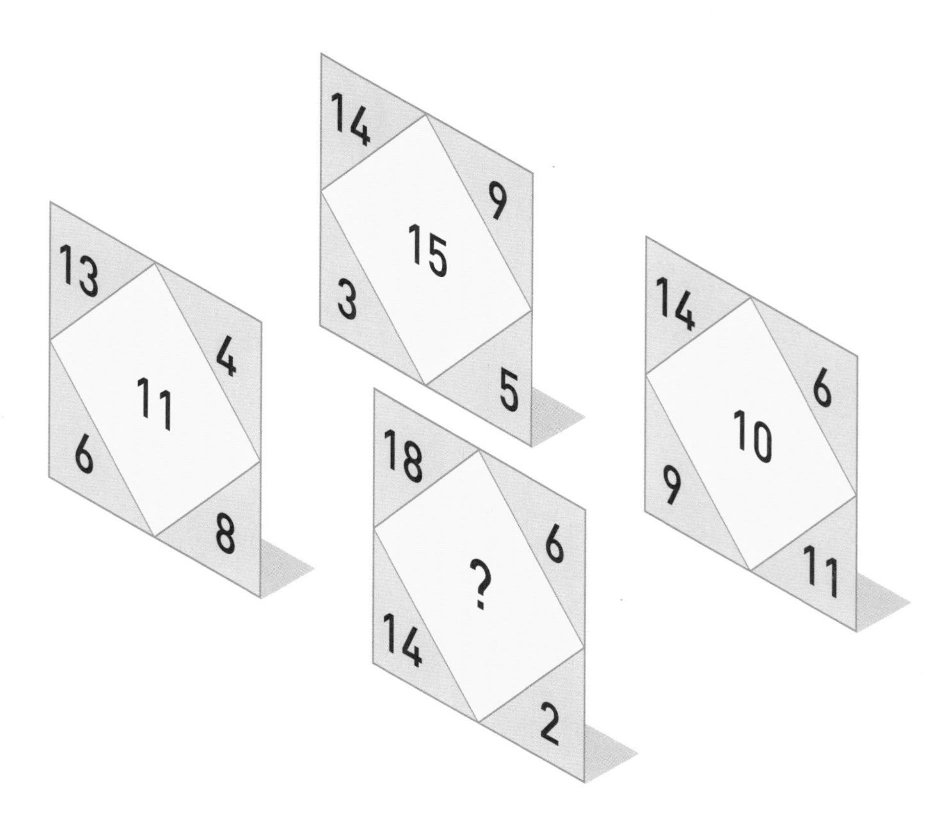

물음표가 적힌 시계는 몇 시를 가리켜야 할까?

12:35

1:45

4:05

 답: 224쪽

다음 글자들을 조합해서 유명인 이름 10개를 만들 수 있다. 글자는 한 번씩만 쓸 수 있다. 유명인 10명의 이름은 무엇일까?

HINT : 영화배우

IS	AS	PORT	AR
RIO	LIE	ES	AN
MAN	ON	TA	DO
FERR	SON	STA	JAM
JA	DER	TO	CAP
CO	GRINT	ELL	CHAN
WILL	THAM	ON	LE
BAN	CKIE	JA	FRAN
SON	NIO	DI	RU
HARR	JACK	NICH	NA
OL	PERT	FORD	

답:224쪽

아래 숫자들은 다른 숫자와 일정한 관계가 있다. 물음표에 들어갈 숫자는 무엇일까?

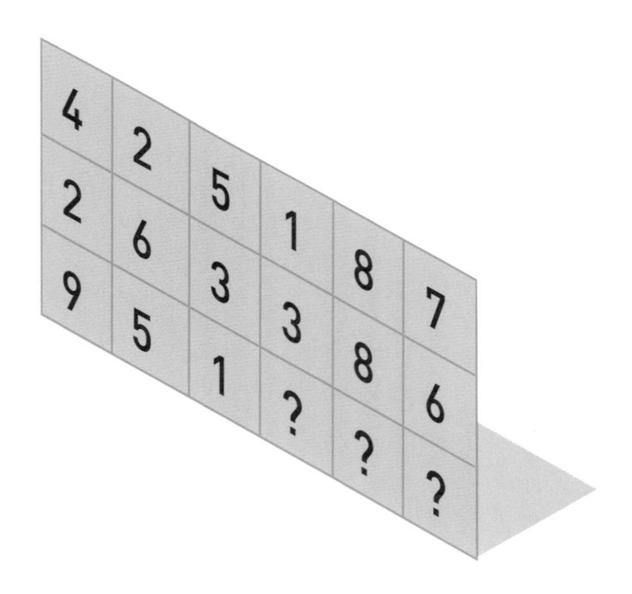

 답:224쪽

100

도형들이 어떤 규칙에 따라 나열되어 있다. 빈칸에 들어갈 도형은 무엇일까?

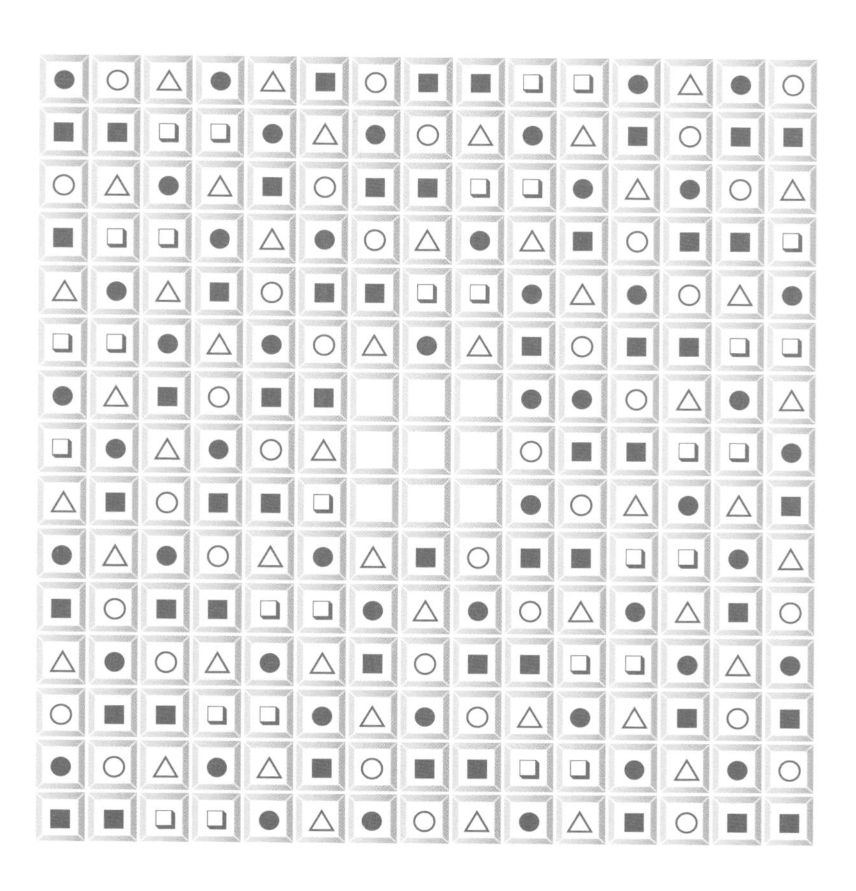

답: 225쪽

아래 도형과 결합했을 때 완벽한 정사각형이 되는 것은 보기 A~D 중 어떤 것일까?

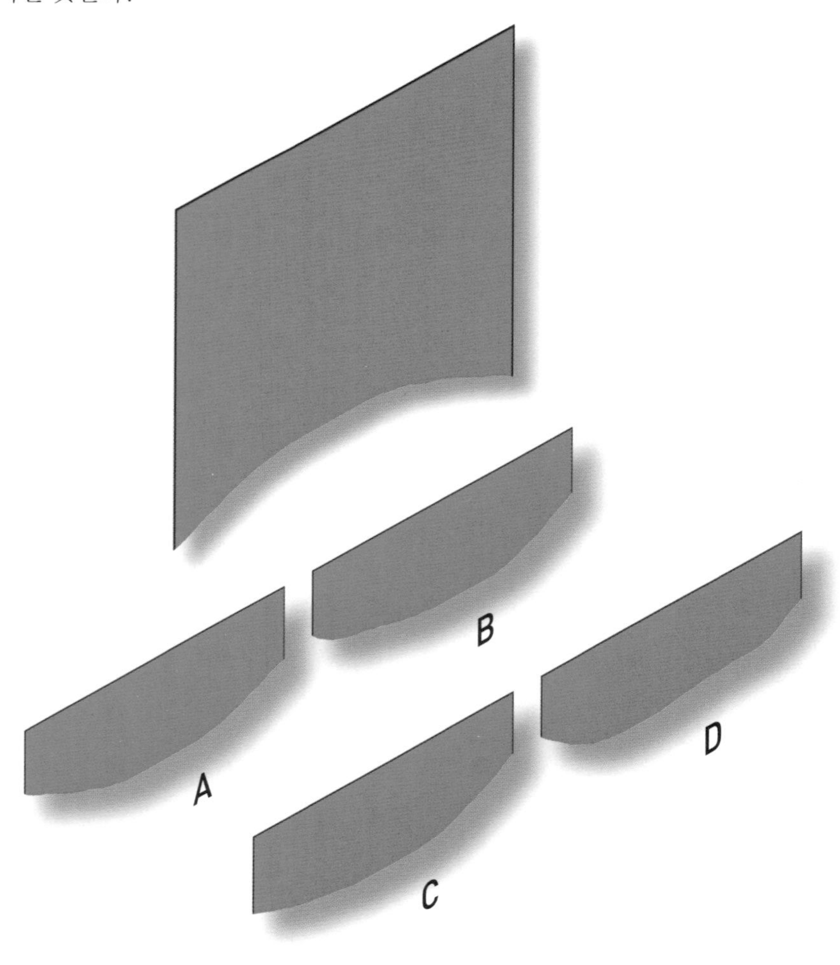

마지막 저울이 균형을 이루려면 초록색 구가 몇 개 필요할까?

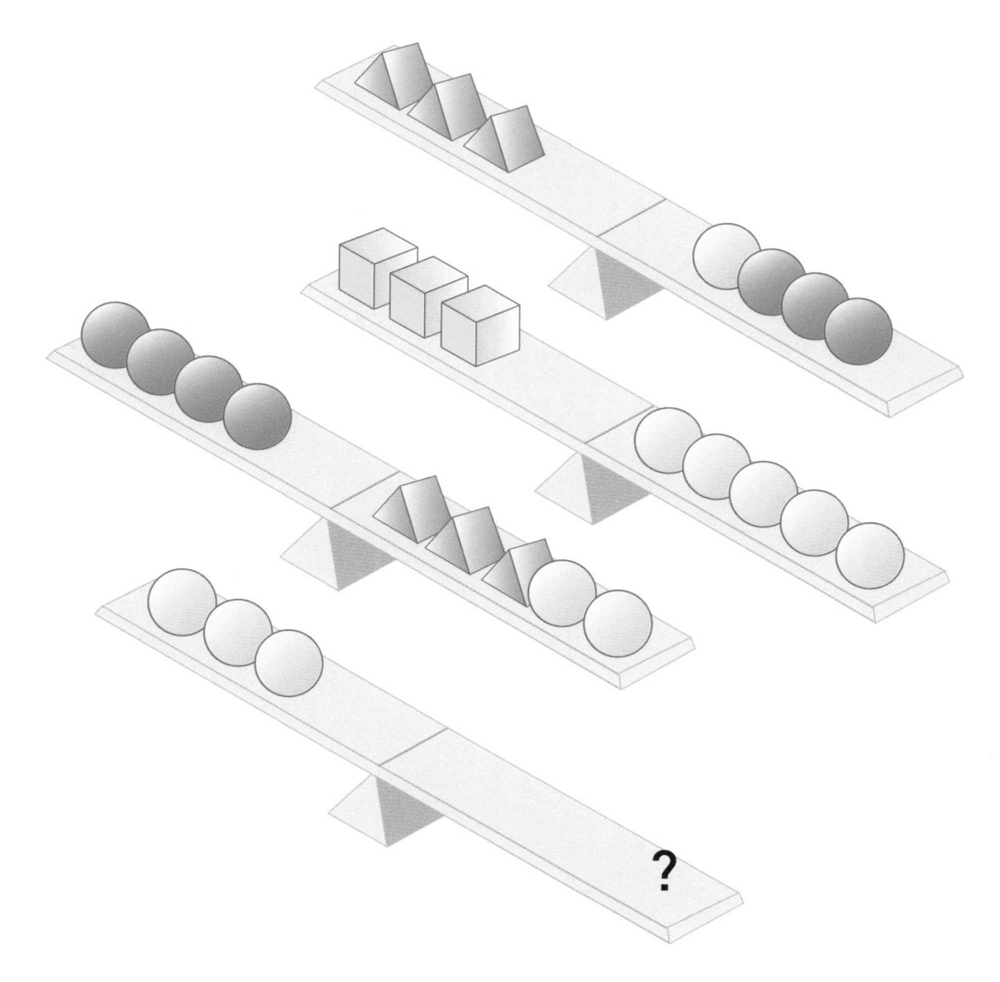

답: 225쪽

103

아래 수식을 완성해야 한다. 괄호가 필요할 수도 있다. 수식을 완성하려면 숫자와 숫자 사이에 사칙연산 부호를 어떻게 넣어야 할까?

답: 225쪽

104

맨 윗줄 왼쪽 1이 적힌 칸에서 출발해 맨 아랫줄 오른쪽 25가 적힌 칸에 도착해야 한다. 각 칸에는 이동 방향을 나타내는 화살표가 그려져 있고, 몇 번째로 그 칸을 지나는지 숫자가 적혀 있다. 빈칸에 숫자를 어떻게 채워야 할까?

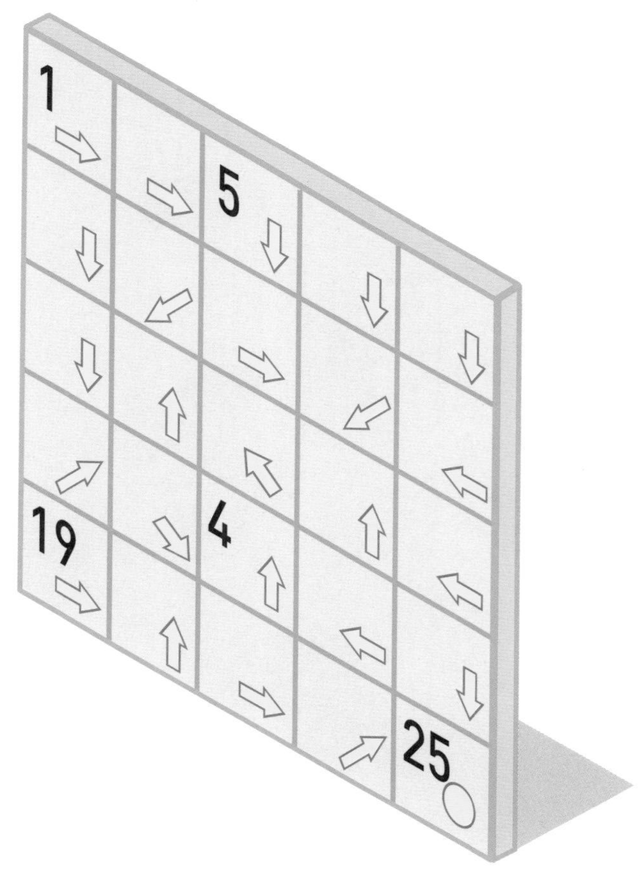

답: 225쪽

아래 전개도로 만들 수 없는 주사위는 보기 A~E 중 어떤 것일까?

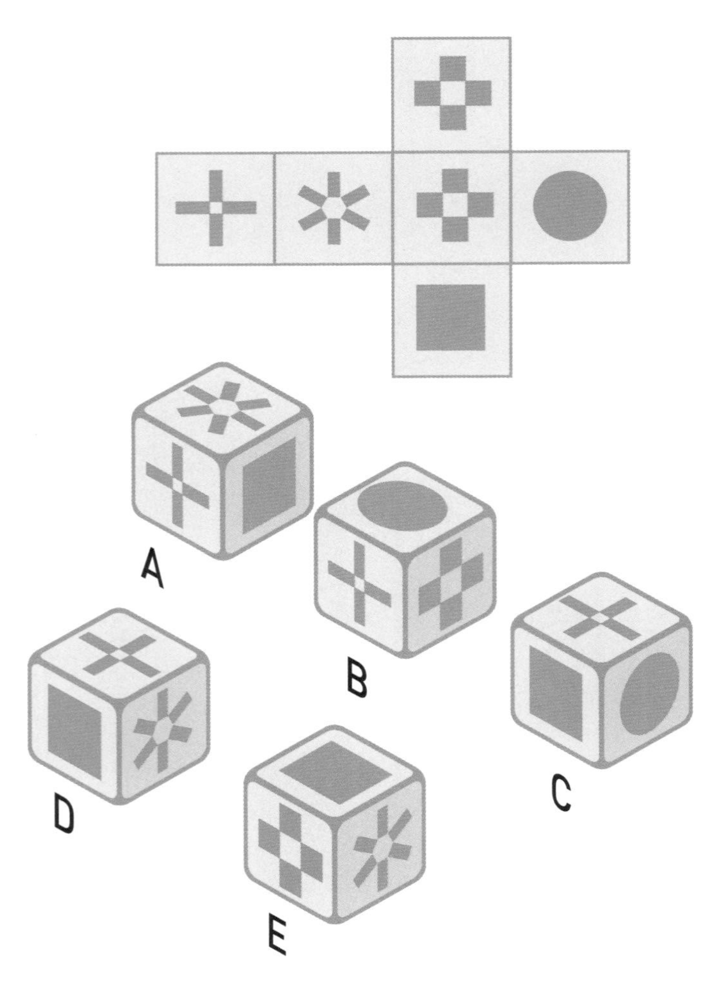

 답:225쪽

다음에 올 그림은 보기 A~E 중 어떤 것일까?

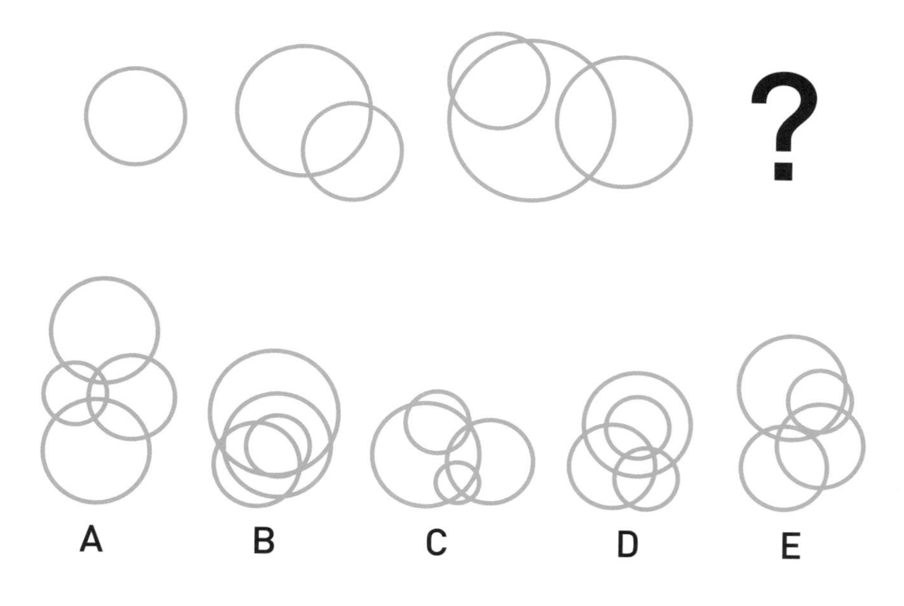

답:225쪽

아래 숫자들은 다른 숫자와 일정한 관계가 있다. 물음표에 들어갈 숫자는 무엇일까?

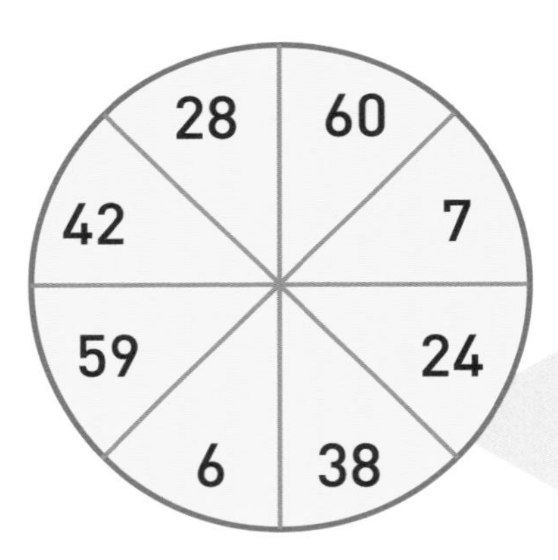

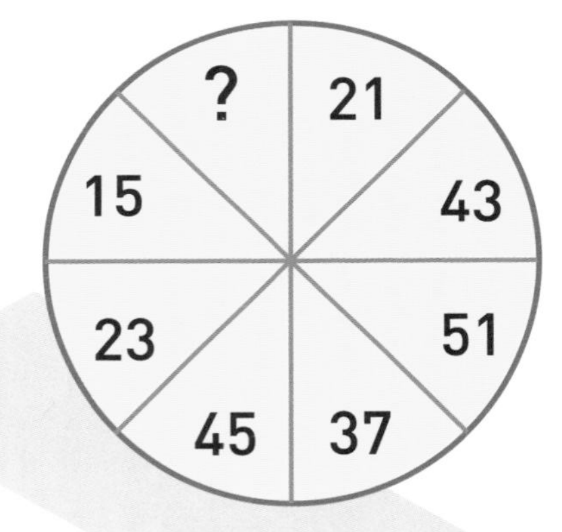

 답: 225쪽

108

빈칸 아래 숫자들이 있다. 이 숫자들로 표의 빈칸을 채워야 한다. 표를 어떻게 채워야 할까?

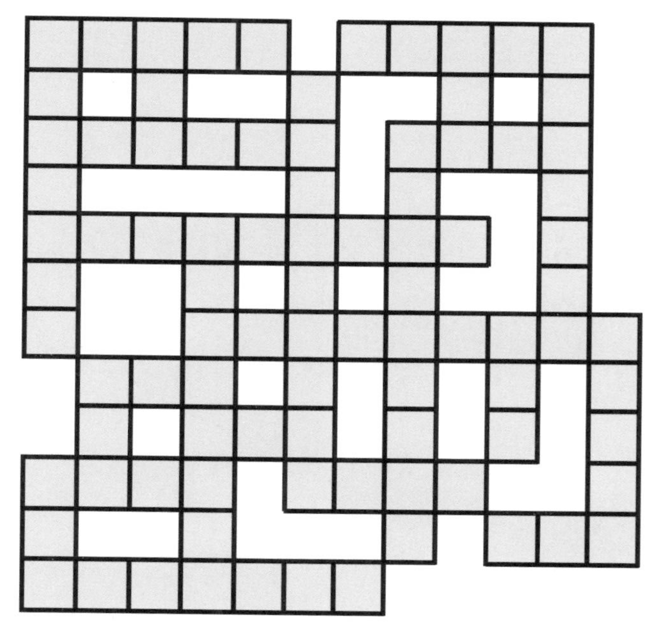

세 자릿수	네 자릿수	다섯 자릿수	여섯 자릿수	일곱 자릿수	여덟 자릿수	아홉 자릿수
260	4496	10591	431552	1941759	62346342	328706289
507	4599	97837		7566228		433101594
571	7783	98326		8952561		521928774
584						775679238
617						
768						
816						
844						

답:225쪽

아래 숫자들은 다른 숫자와 일정한 관계가 있다. 물음표에 들어갈 숫자는 무엇일까?

답 : 226쪽

나머지와 다른 하나는 보기 A~E 중 어떤 것일까?

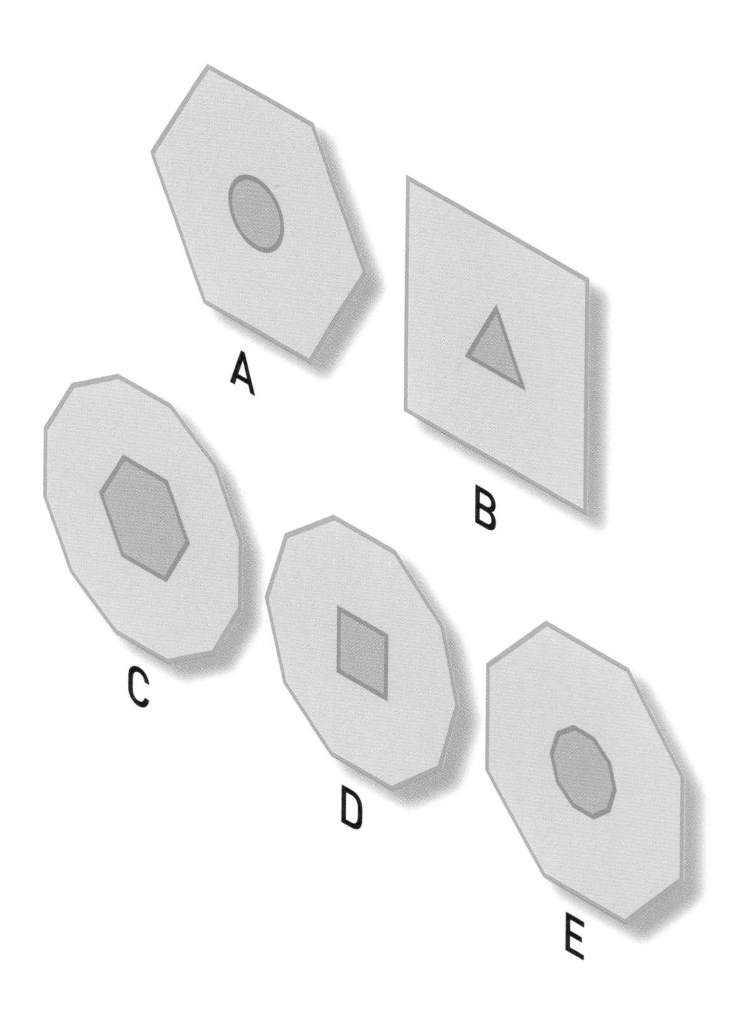

답:226쪽

도형들의 관계를 파악해보자. 빈칸에 들어갈 도형은 보기 A~E 중 어떤 것일까?

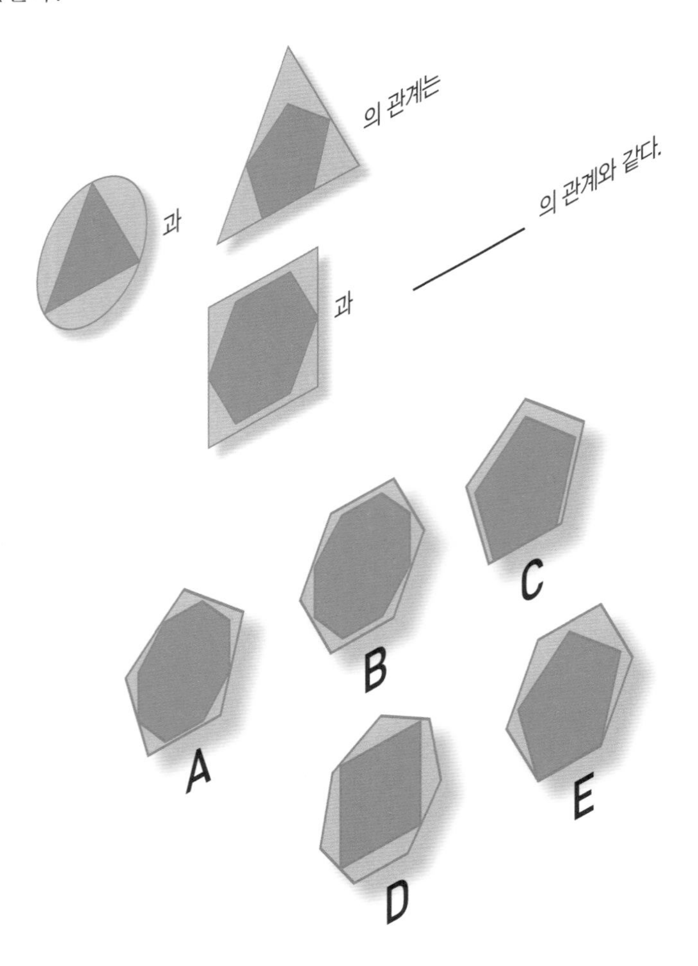

 답: 226쪽

아래 조각들을 모아 하나의 도형을 만들 수 있다. 어떤 도형을 만들 수 있을까?

답:226쪽

아래 그림에 직선 6개를 그어 8조각으로 나눠야 한다. 각 조각에는 오각형이 8개씩 들어가야 한다. 직선을 어떻게 그어야 할까?

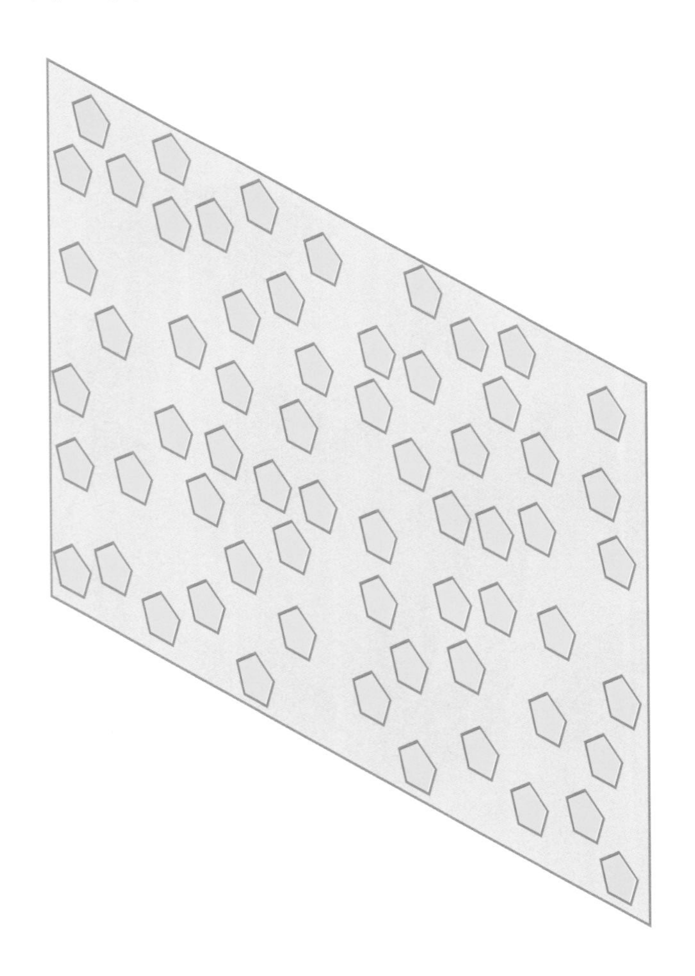

답: 226쪽

114

아래 숫자들은 다른 숫자와 일정한 관계가 있다. 물음표에 들어갈 숫자는 무엇일까?

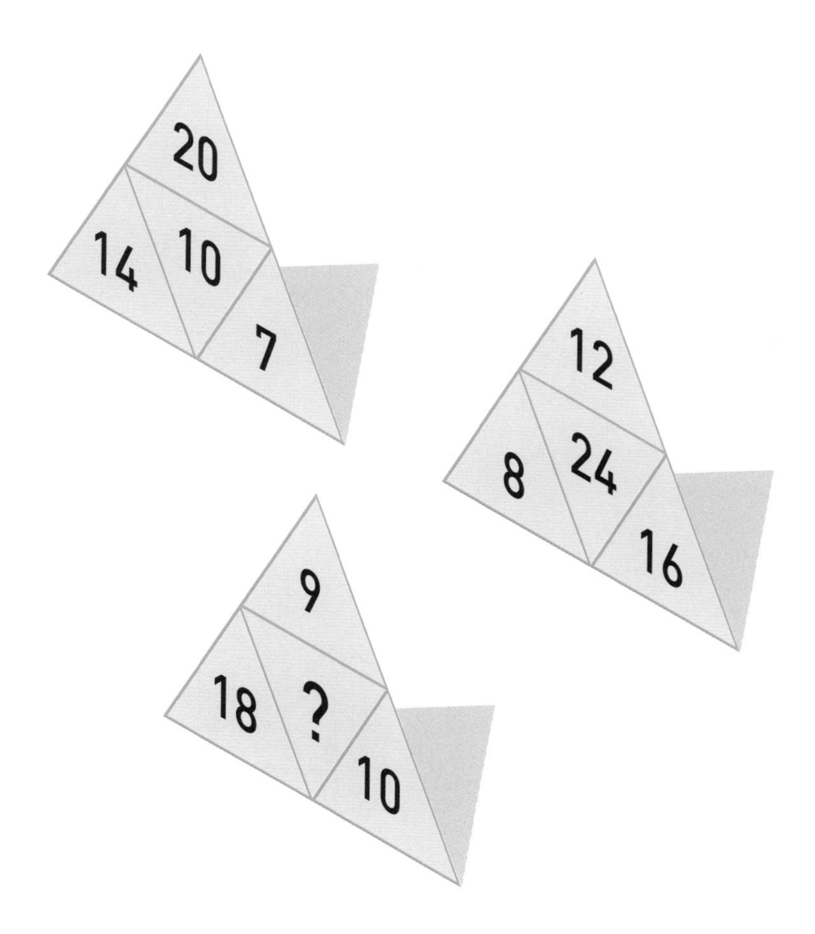

아래 그림의 가로줄과 세로줄 끝에 적힌 숫자는 그 줄에 그려진 도형이 나타내는 숫자를 더한 값이다. 삼각형, 사각형, 원, 별이 나타내는 숫자는 무엇일까?

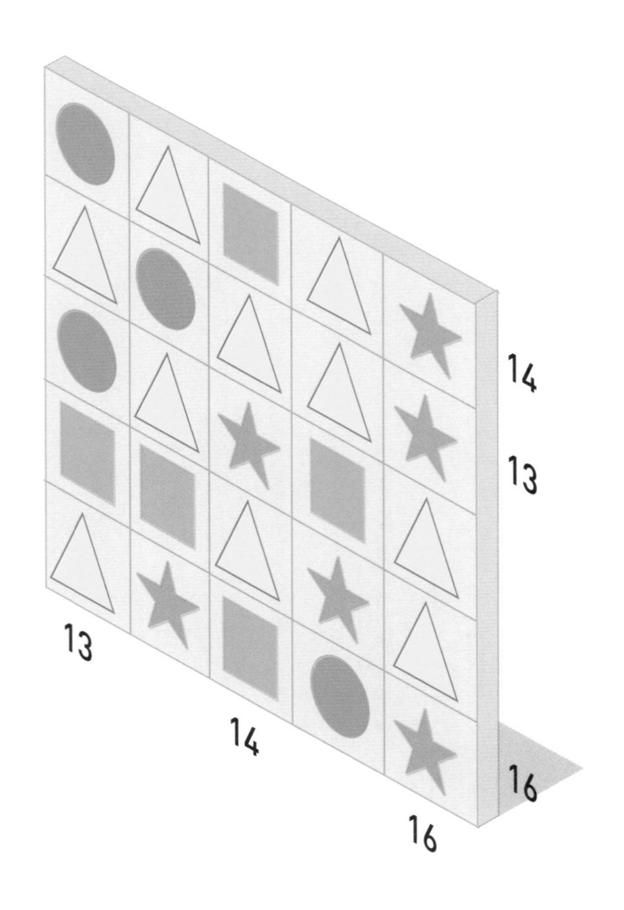

 답: 226쪽

116

아래 숫자들은 다른 숫자와 일정한 관계가 있다. 물음표에 들어갈 숫자는 무엇일까?

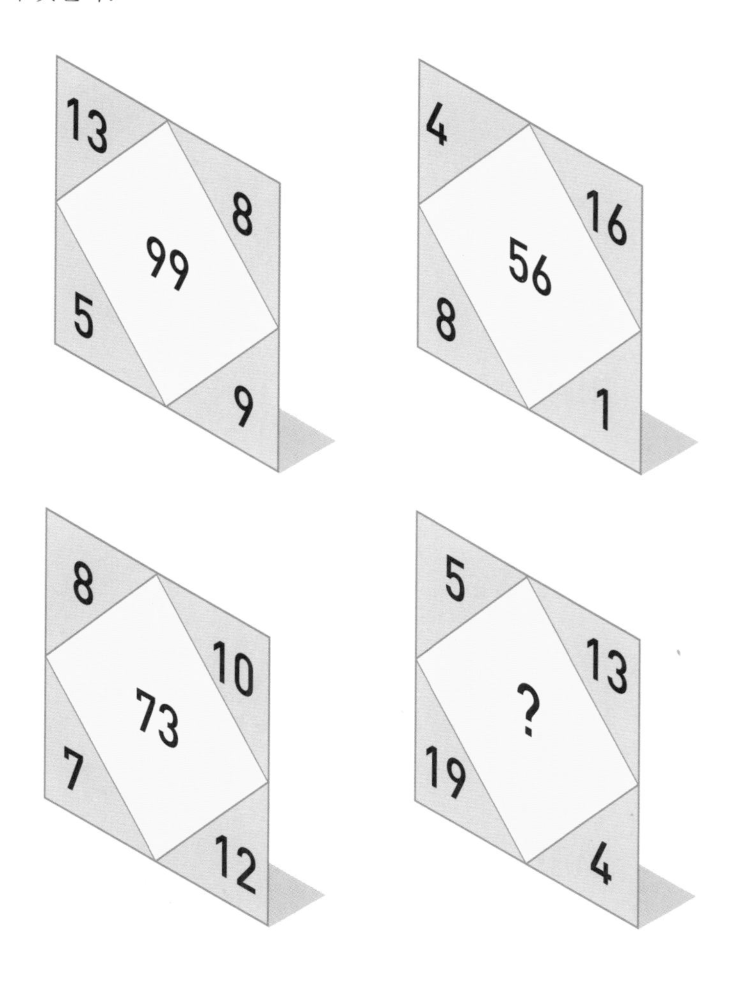

답:226쪽

물음표가 적힌 시계는 몇 시를 가리켜야 할까?

8:40

2:10

1:05

118

다음 글자들을 조합해서 유명인 이름 10개를 만들 수 있다. 글자는 한 번씩만 쓸 수 있고, PAUL WALKER라는 이름이 PAU, LWA, LKER로 나뉠 수 있다. 유명인 10명의 이름은 무엇일까?

HINT : 영화배우

EL	ING	IES	YWEA
GGS	NBI	BRU	ILLIS
EMM	ENN	UISE	TO
IDT	JIMC	VIND	AR
ZELW	URNE	DEN	TSON
WIL	DAV	SIGO	CEW
AWA	JASO	TON	ANT
VER	ASH	MCR	
LSM	REY	ITH	

아래 숫자들은 다른 숫자와 일정한 관계가 있다. 물음표에 들어갈 숫자는 무엇일까?

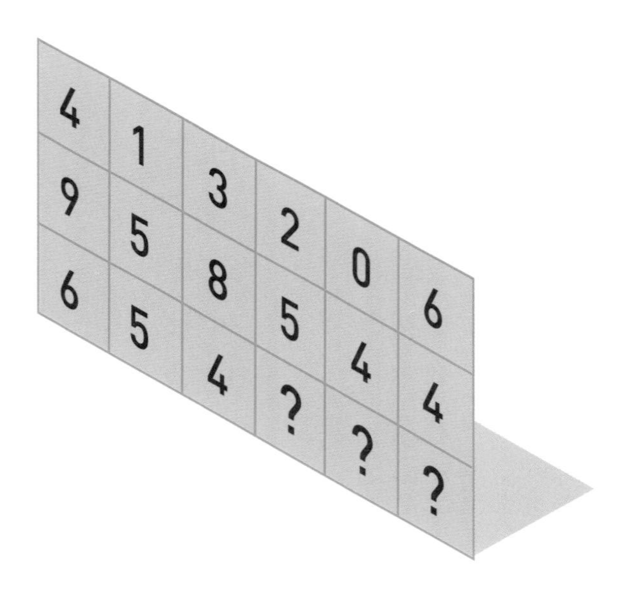

답: 227쪽

120

도형들이 어떤 규칙에 따라 나열되어 있다. 빈칸에 들어갈 도형은 무엇일까?

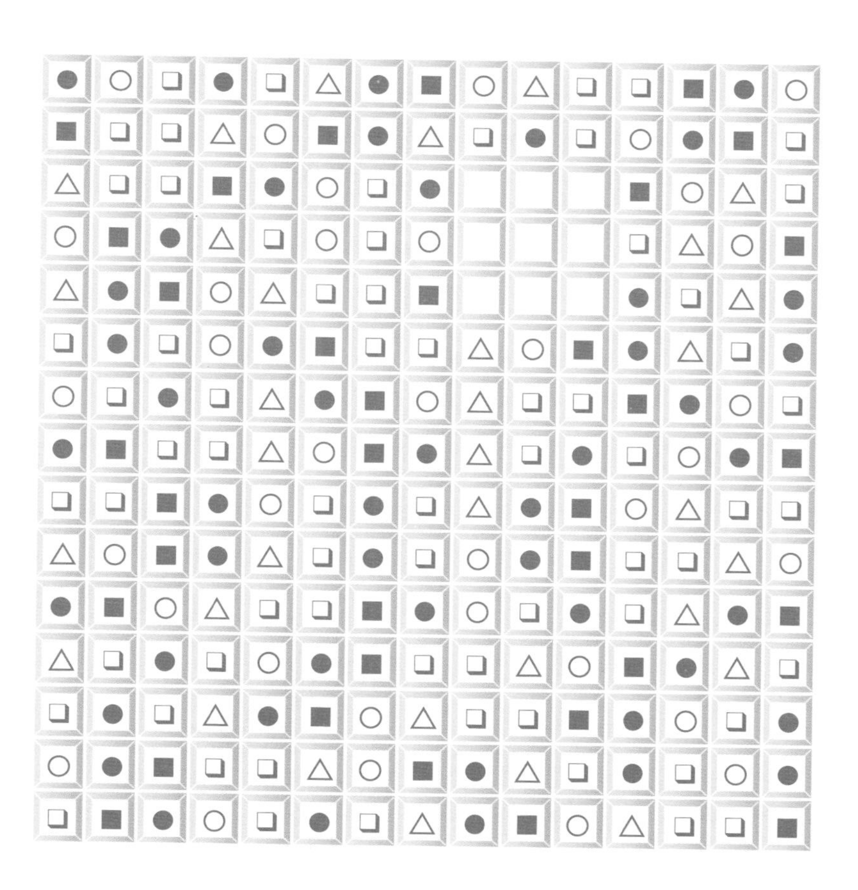

답: 227쪽

아래 조각들을 모아 하나의 도형을 만들 수 있다. 어떤 도형을 만들 수 있을까?

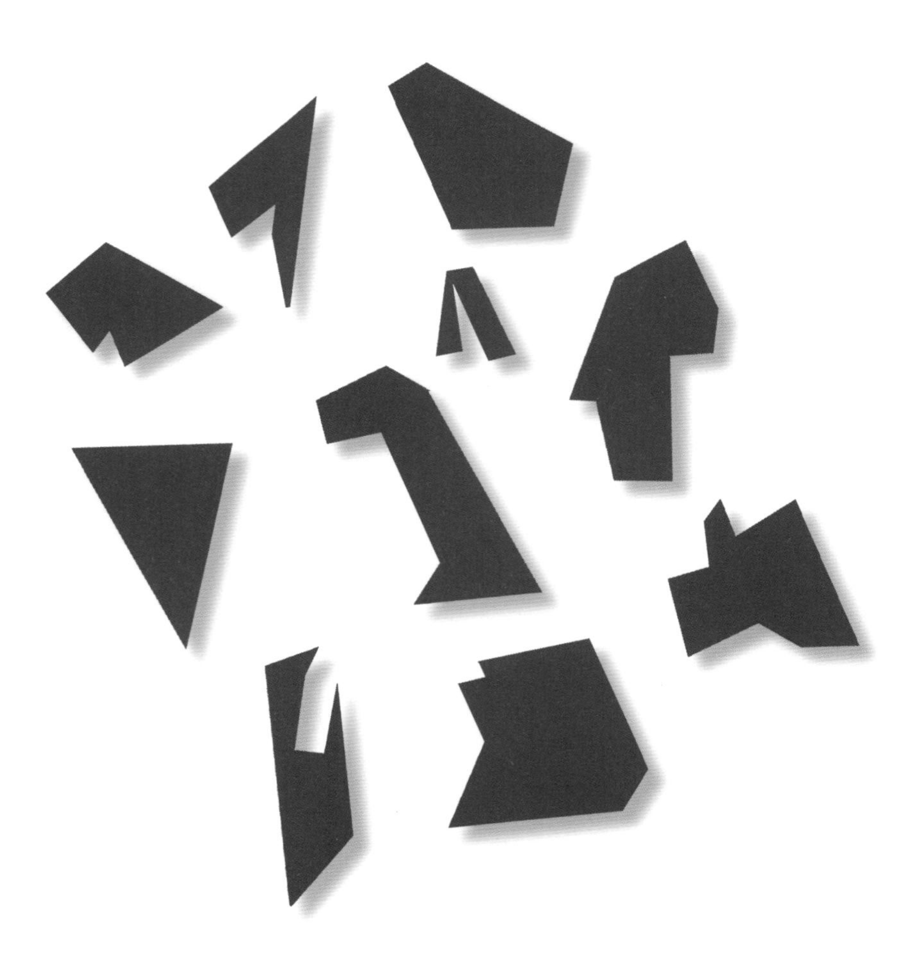

 답: 227쪽

마지막 저울이 균형을 이루려면 삼각기둥이 몇 개 필요할까?

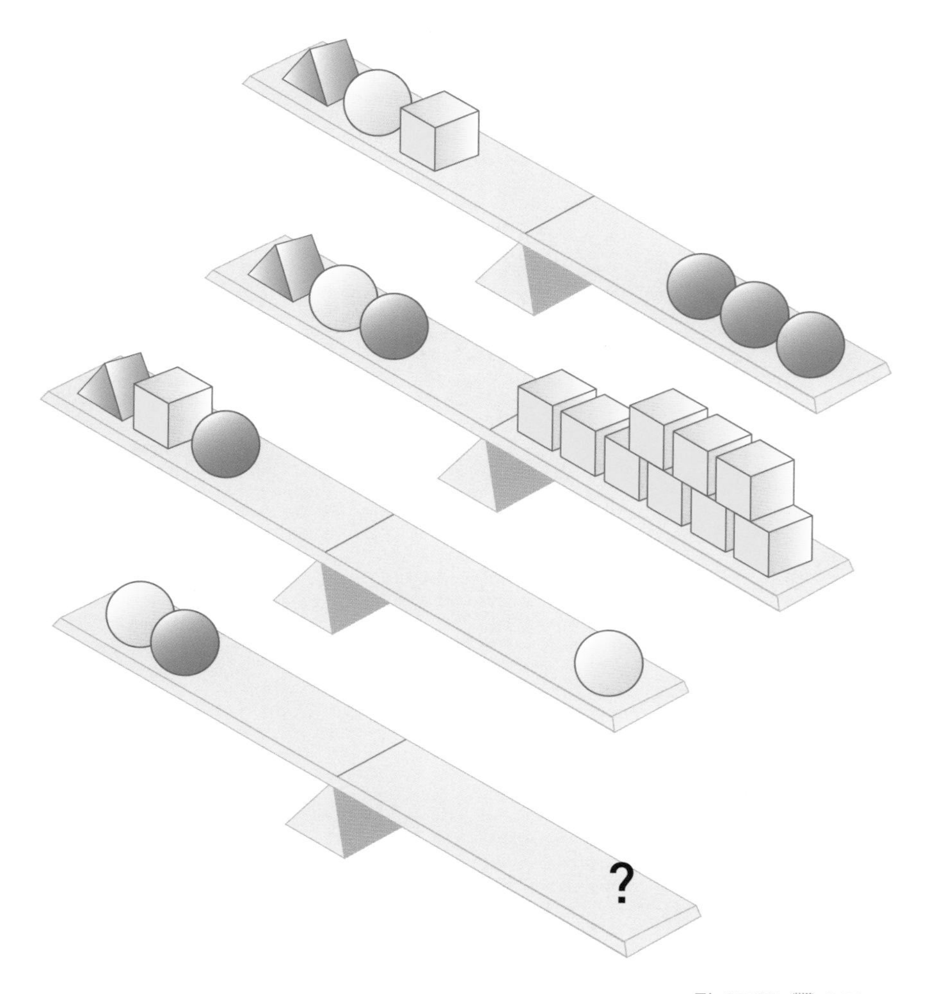

123

아래 수식을 완성해야 한다. 괄호가 필요할 수도 있다. 수식을 완성하려면 숫자와 숫자 사이에 사칙연산 부호를 어떻게 넣어야 할까?

답: 227쪽

124

맨 윗줄 왼쪽 1이 적힌 칸에서 출발해 맨 아랫줄 오른쪽 25가 적힌 칸에 도착해야 한다. 각 칸에는 이동 방향을 나타내는 화살표가 그려져 있고, 몇 번째로 그 칸을 지나는지 숫자가 적혀 있다. 빈칸에 숫자를 어떻게 채워야 할까?

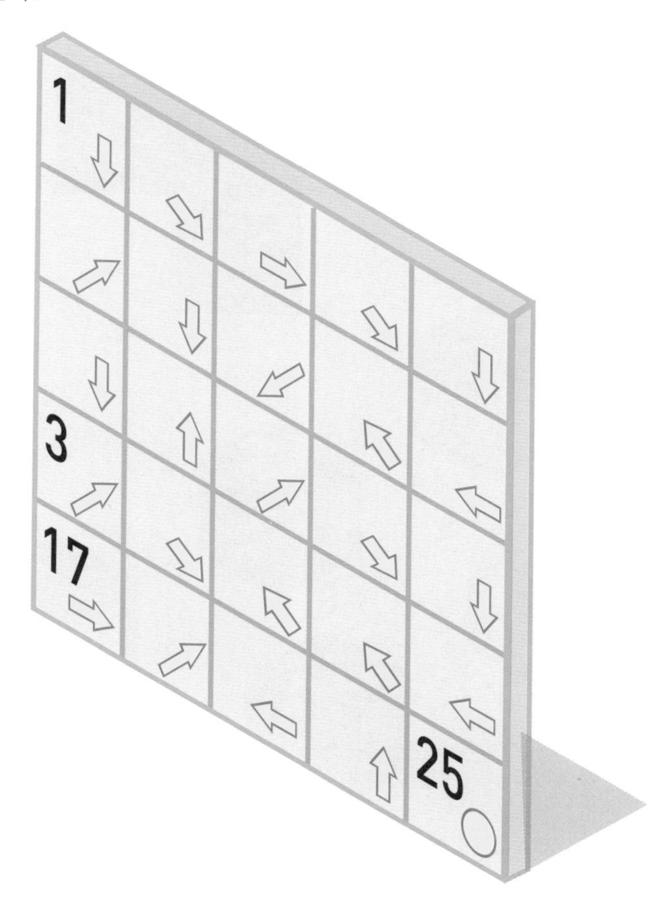

답: 227쪽

아래 전개도로 만들 수 없는 주사위는 보기 A~E 중 어떤 것일까?

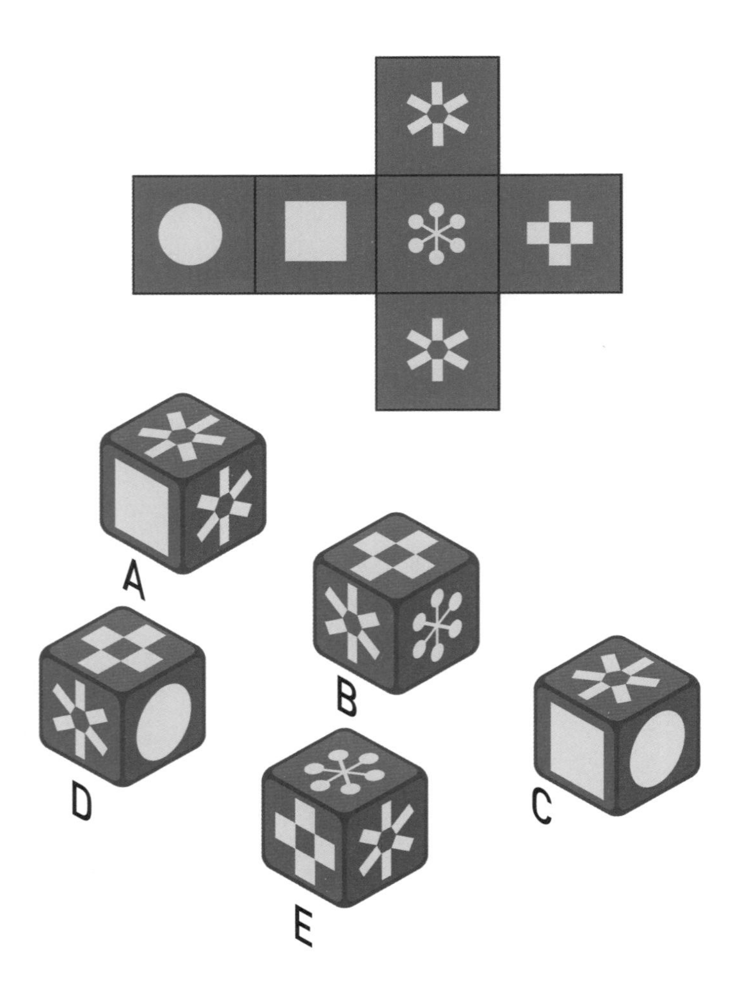

 답: 228쪽

다음에 올 그림은 보기 A~E 중 어떤 것일까?

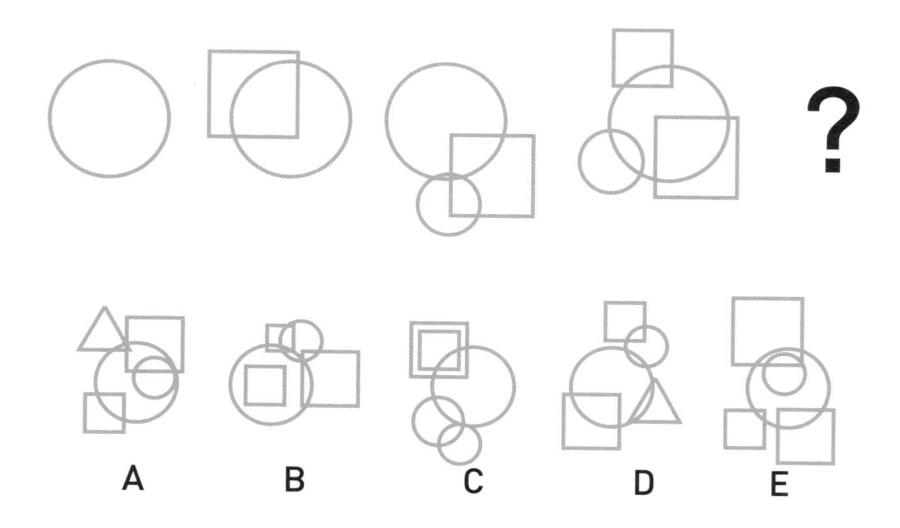

아래 숫자들은 다른 숫자와 일정한 관계가 있다. 물음표에 들어갈 숫자는 무엇일까?

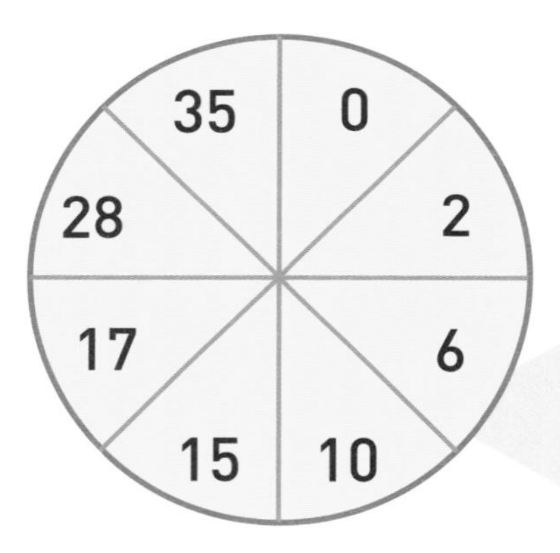

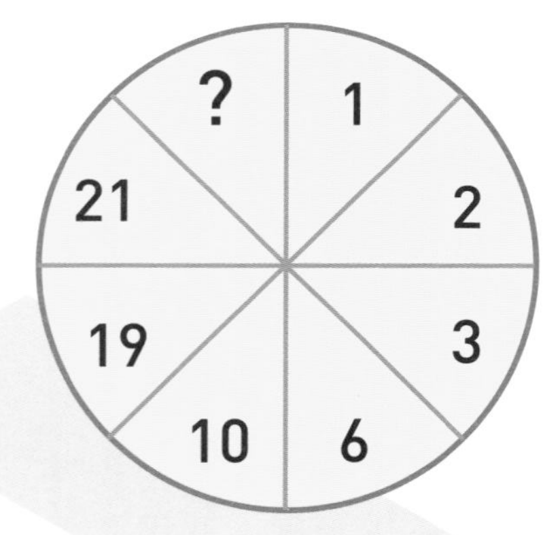

 답:228쪽

128

빈칸 아래 숫자들이 있다. 이 숫자들로 표의 빈칸을 채워야 한다. 표를 어떻게 채워야 할까?

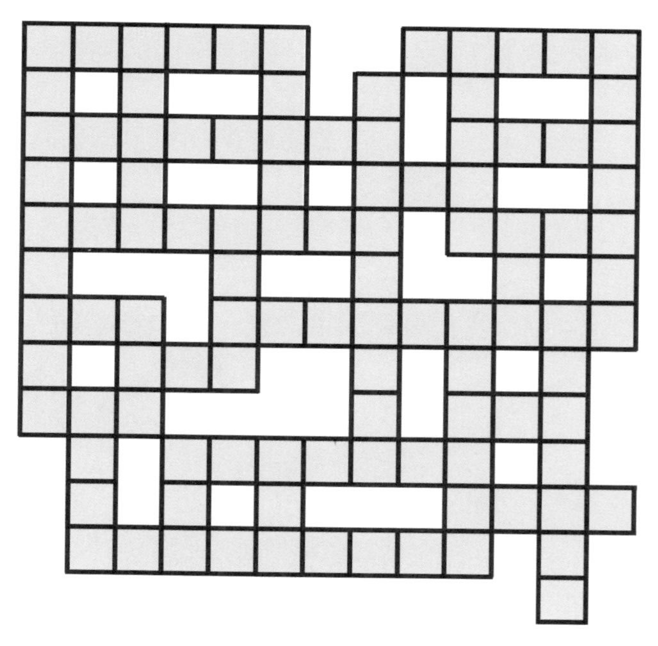

세 자릿수	네 자릿수	다섯 자릿수	여섯 자릿수	일곱 자릿수	여덟 자릿수	아홉 자릿수
151	3053	11508	597819	2095532	59109445	115526629
400	5012	73551	727739	7945014	71562111	251331299
468	5394	91157		9064917		527354421
560	8840	99124				709627724
603	9970					
759						
841						
897						
921						

답: 228쪽

아래 숫자들은 다른 숫자와 일정한 관계가 있다. 물음표에 들어갈 숫자는 무엇일까?

답: 228쪽

130

나머지와 다른 하나는 보기 A~E 중 어떤 것일까?

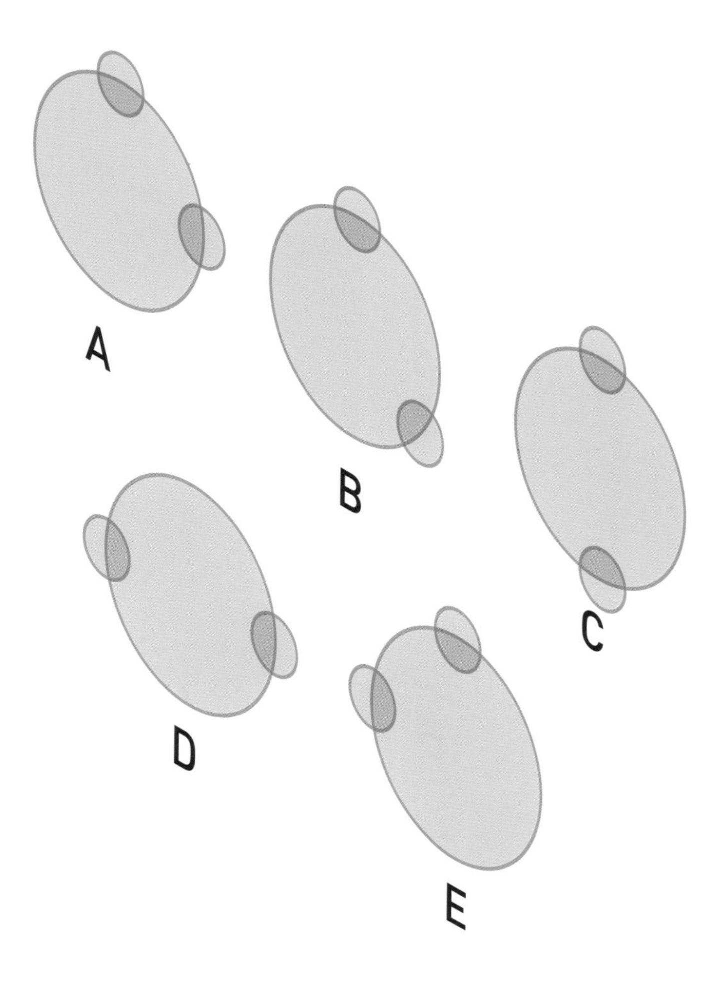

131

도형들의 관계를 파악해보자. 빈칸에 들어갈 도형은 보기 A~E 중 어떤 것일까?

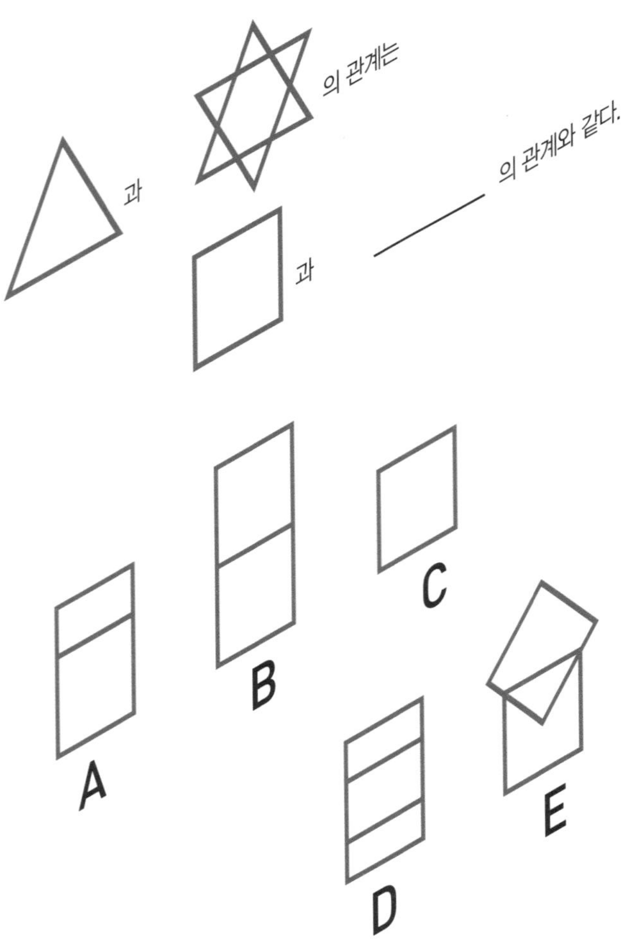

답: 228쪽

아래 도형과 결합했을 때 완벽한 정사각형이 되는 것은 보기 A~D 중 어떤 것일까?

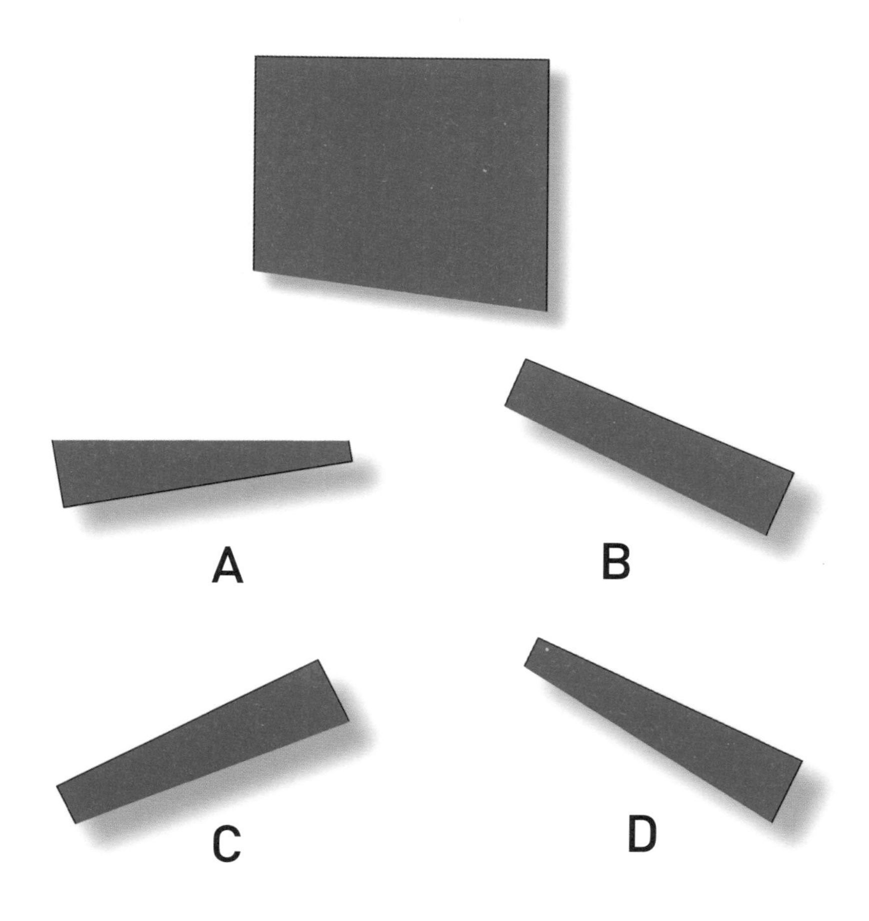

아래 그림에 직선 5개를 그어 7조각으로 나눠야 한다. 각 조각에는 육각형이 12개, 14개, 16개, 18개, 20개, 22개, 24개씩 들어가야 한다. 직선을 어떻게 그어야 할까?

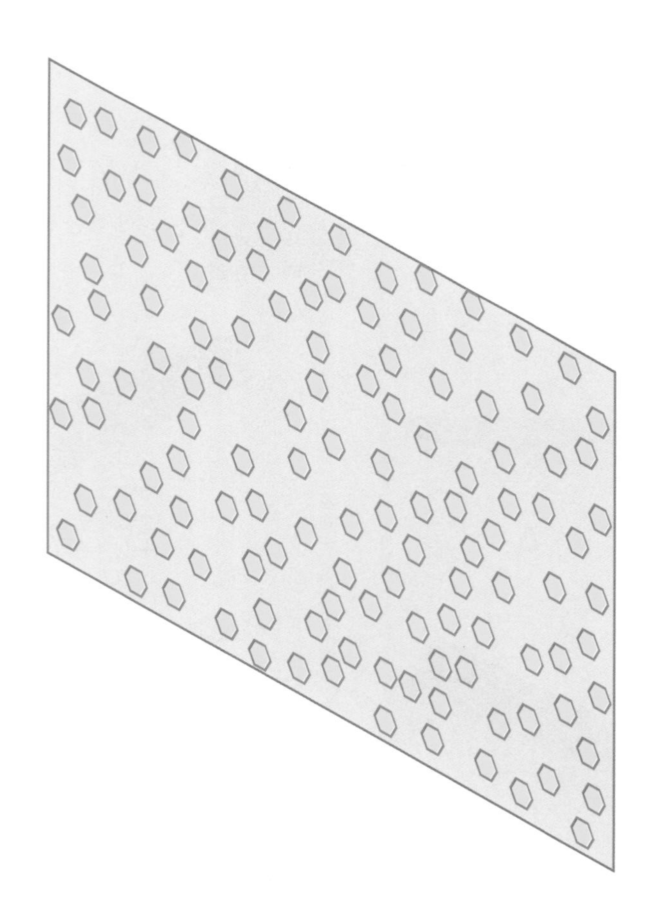

 답: 229쪽

134

아래 숫자들은 다른 숫자와 일정한 관계가 있다. 물음표에 들어갈 숫자는 무엇일까?

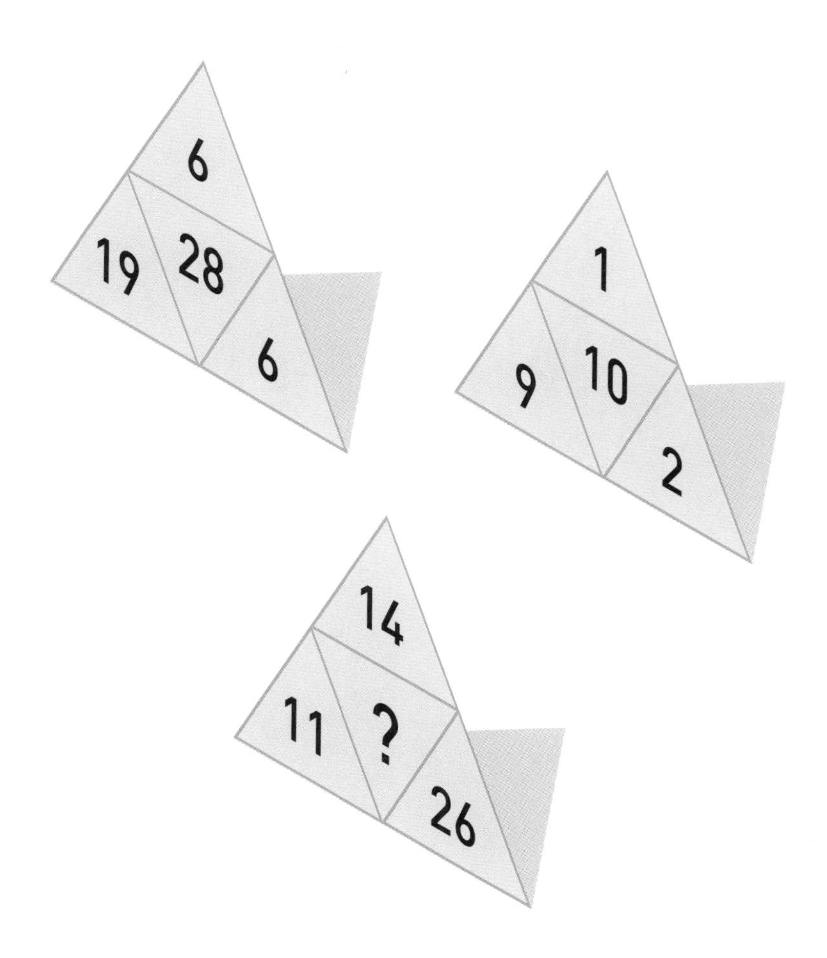

답: 229쪽

135

아래 그림의 가로줄과 세로줄 끝에 적힌 숫자는 그 줄에 그려진 도형이 나타내는 숫자를 더한 값이다. 삼각형, 사각형, 원, 별이 나타내는 숫자는 무엇일까?

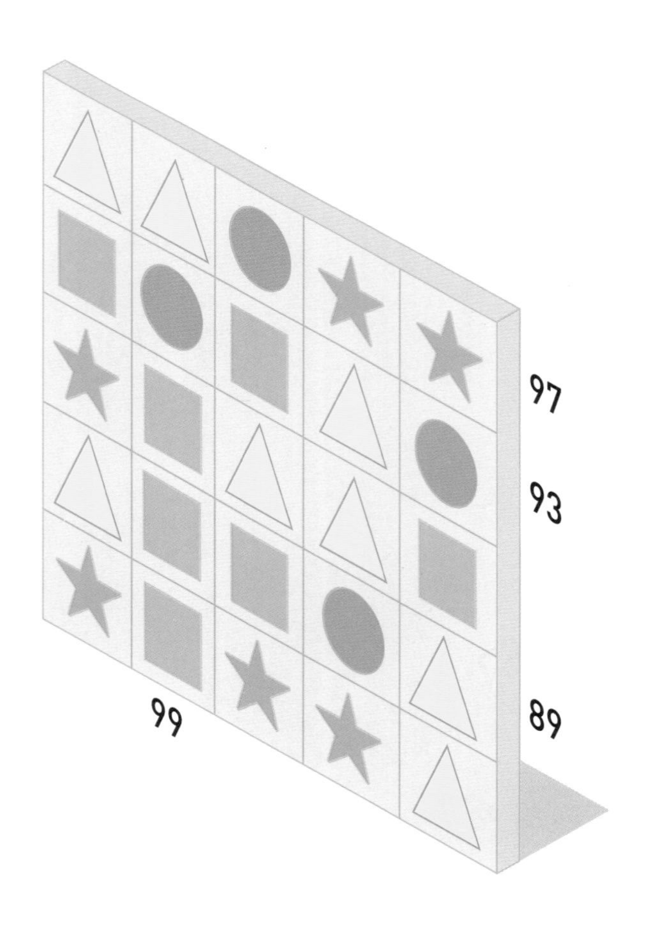

 답: 229쪽

136

아래 숫자들은 다른 숫자와 일정한 관계가 있다. 물음표에 들어갈 숫자는 무엇일까?

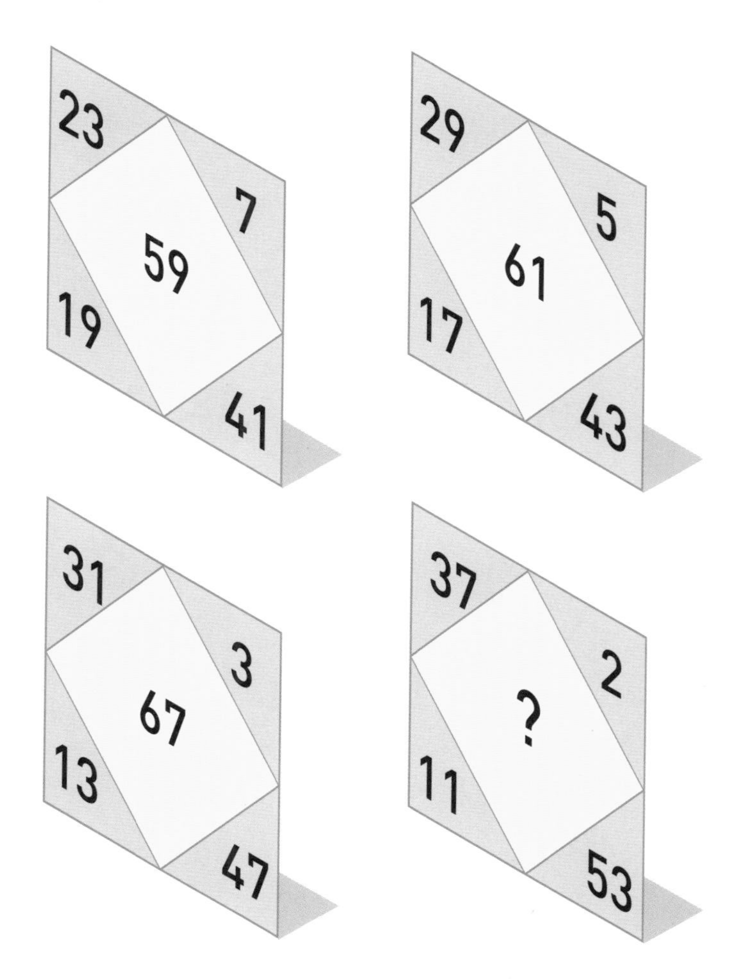

물음표가 적힌 시계는 몇 시를 가리켜야 할까?

 답: 229쪽

다음 글자들을 조합해서 유명인 이름 10개를 만들 수 있다. 글자는 한 번씩만 쓸 수 있고, PAUL WALKER라는 이름이 PAU, LWA, LKER로 나뉠 수 있다. 유명인 10명의 이름은 무엇일까?

HINT : 영화배우

ATH	VOY	EN	CHR	MCA
LIF	JAM	GER	TOM	BR
CKI	NSA	KIN	NDI	IAN
SON	EEJ	SWO	SER	HE
FRA	KAT	ON	AK	CAM
EBE	AZ	HGA	ZAC	WA
ES	LE	IS	EM	
ERO	DAN	RO	NAT	
NKS	ES	HA	TOM	
MYL	LED	ISH	RTH	

답:229쪽

아래 숫자들은 다른 숫자와 일정한 관계가 있다. 물음표에 들어갈 숫자는 무엇일까?

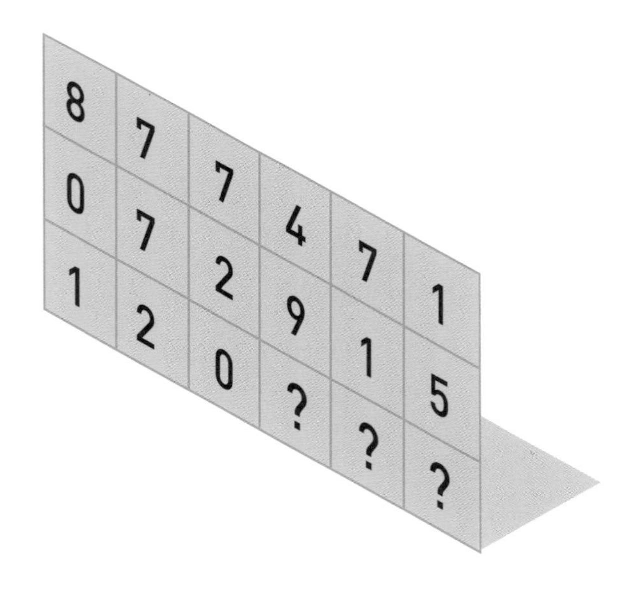

 답:229쪽

140

도형들이 어떤 규칙에 따라 나열되어 있다. 빈칸에 들어갈 도형은 무엇일까?

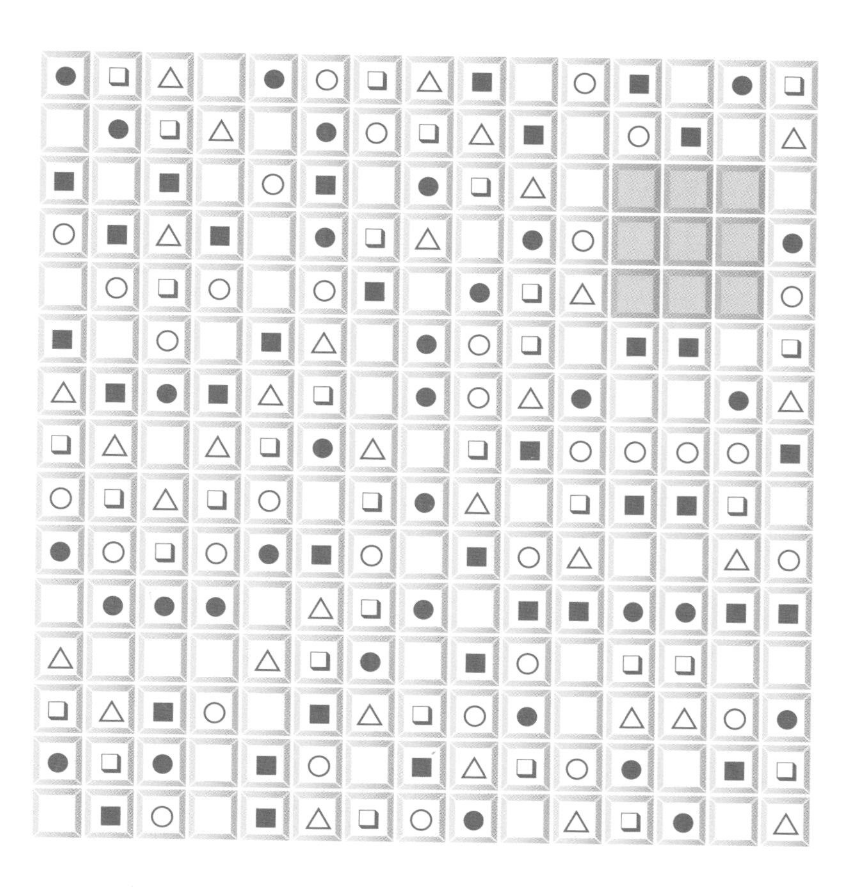

답:230쪽

141

나머지와 다른 하나는 보기 A～E 중 어떤 것일까?

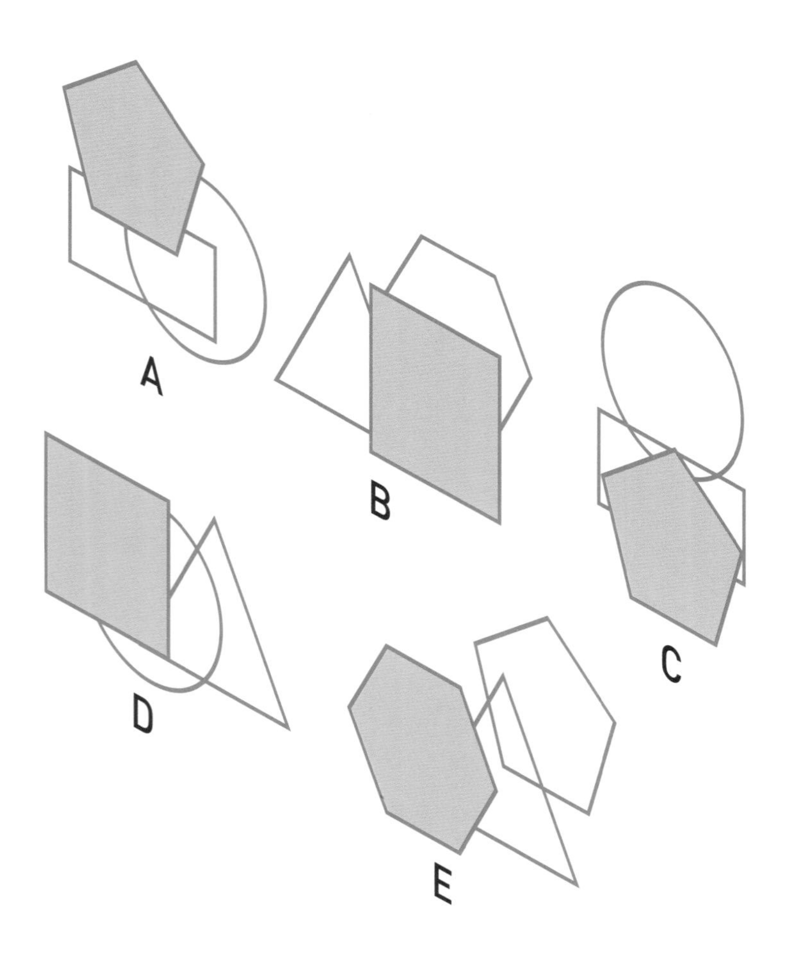

 답: 230쪽

마지막 저울이 균형을 이루려면 정육면체가 몇 개 필요할까?

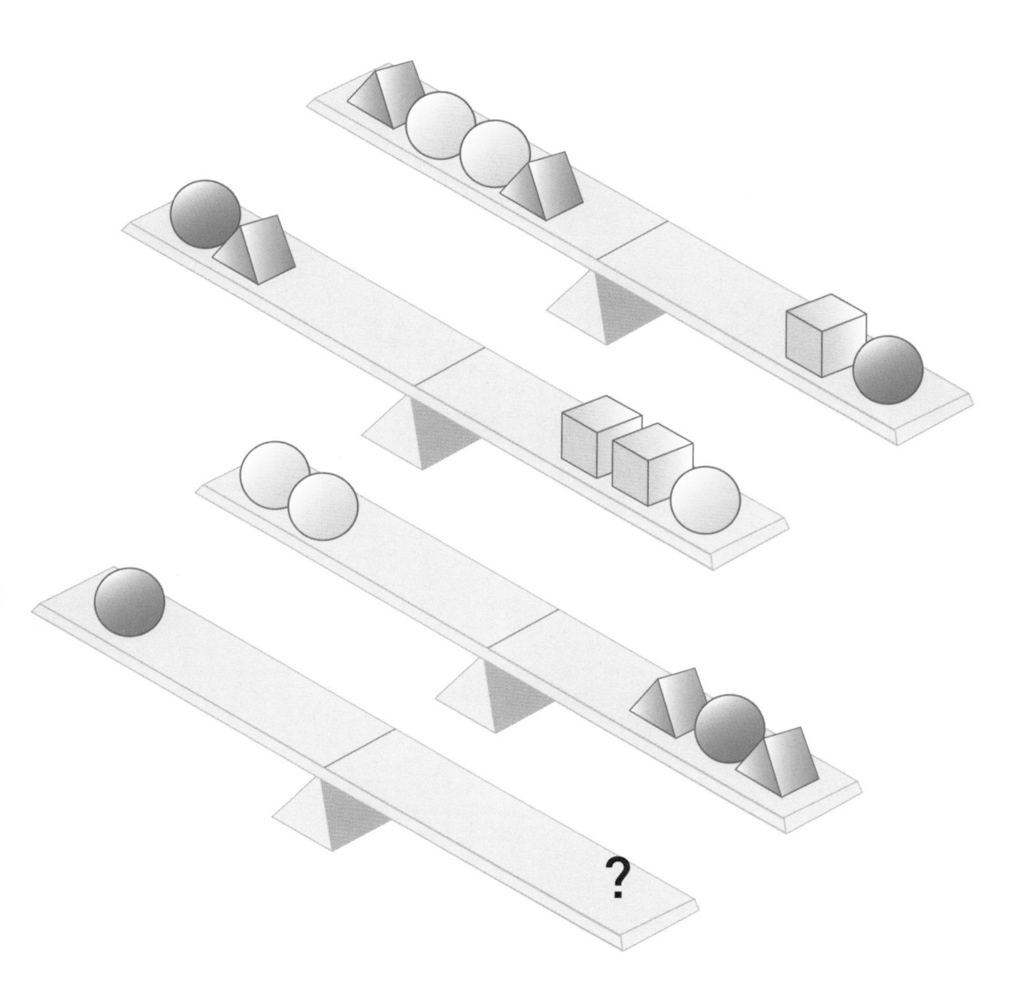

143

아래 수식을 완성해야 한다. 괄호가 필요할 수도 있다. 수식을 완성하려면 숫자와 숫자 사이에 사칙연산 부호를 어떻게 넣어야 할까?

36 24 1 29 20 36 = 25

답: 230쪽

맨 윗줄 왼쪽 1이 적힌 칸에서 출발해 맨 아랫줄 오른쪽 25가 적힌 칸에 도착해야 한다. 각 칸에는 이동 방향을 나타내는 화살표가 그려져 있고, 몇 번째로 그 칸을 지나는지 숫자가 적혀 있다. 빈칸에 숫자를 어떻게 채워야 할까?

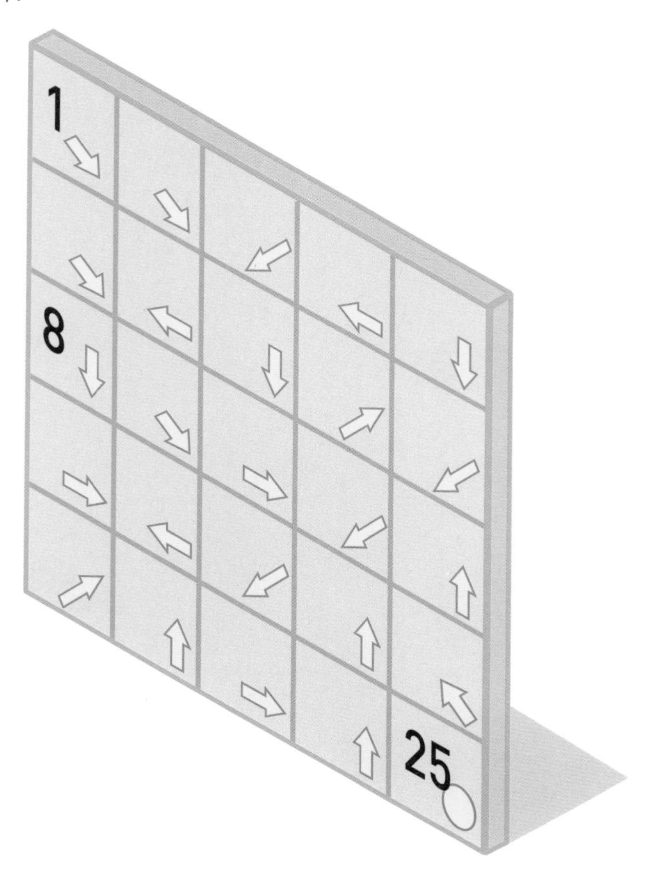

답: 230쪽

아래 전개도로 만들 수 없는 주사위는 보기 A~E 중 어떤 것일까?

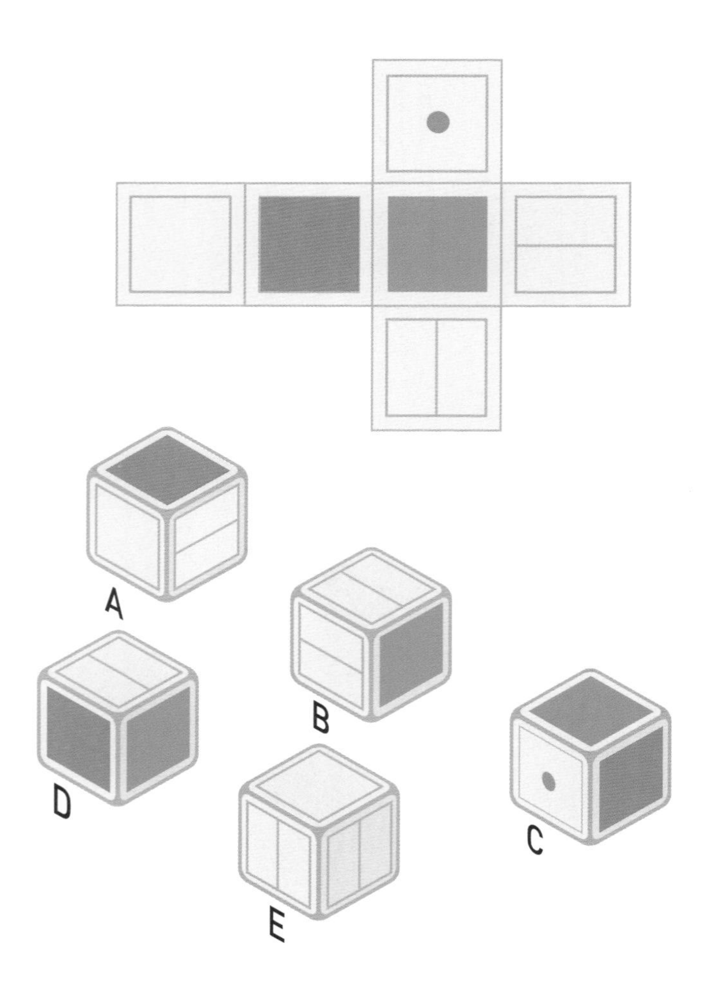

 답:230쪽

146

다음에 올 그림은 보기 A~E 중 어떤 것일까?

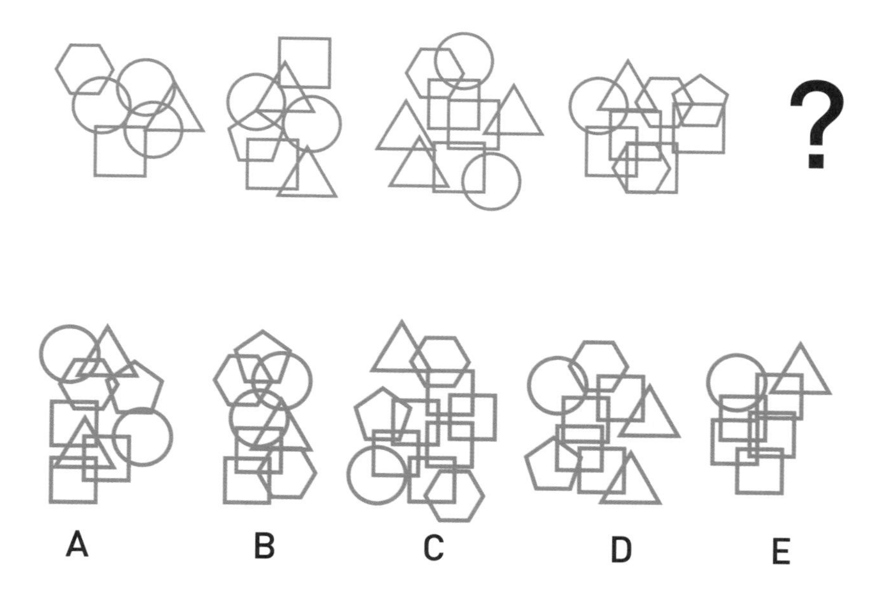

147

아래 숫자들은 다른 숫자와 일정한 관계가 있다. 물음표에 들어갈 숫자는 무엇일까?

23 37
12 24
5 16
8 33

? 11
28 51
1 25
25 7

 답:230쪽

148

빈칸 아래 숫자들이 있다. 이 숫자들로 표의 빈칸을 채워야 한다. 표를 어떻게 채워야 할까?

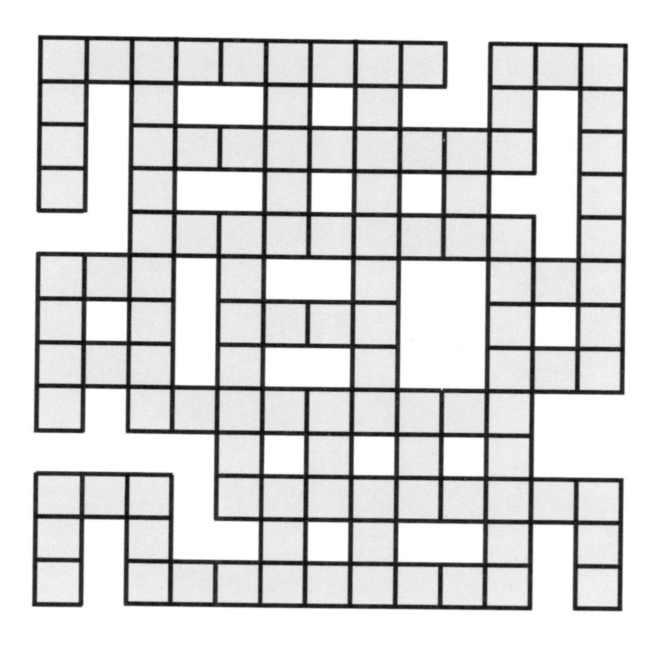

세 자릿수
204
321
348
379
432
439
450
453
645
727
859
876
946
961
977

네 자릿수
1780
2378
9088

다섯 자릿수
19756

일곱 자릿수
6123608

여덟 자릿수
72400224

아홉 자릿수
173651241
244217290
389371169
464161852
716616412
840969570
885307247
929704936
976362411

답: 231쪽

아래 숫자들은 다른 숫자와 일정한 관계가 있다. 물음표에 들어갈 숫자는 무엇일까?

답: 231쪽

150

아래 조각들을 모아 하나의 도형을 만들 수 있다. 어떤 도형을 만들 수 있을까?

답:231쪽

151

도형들의 관계를 파악해보자. 빈칸에 들어갈 도형은 보기 A~E 중 어떤 것일까?

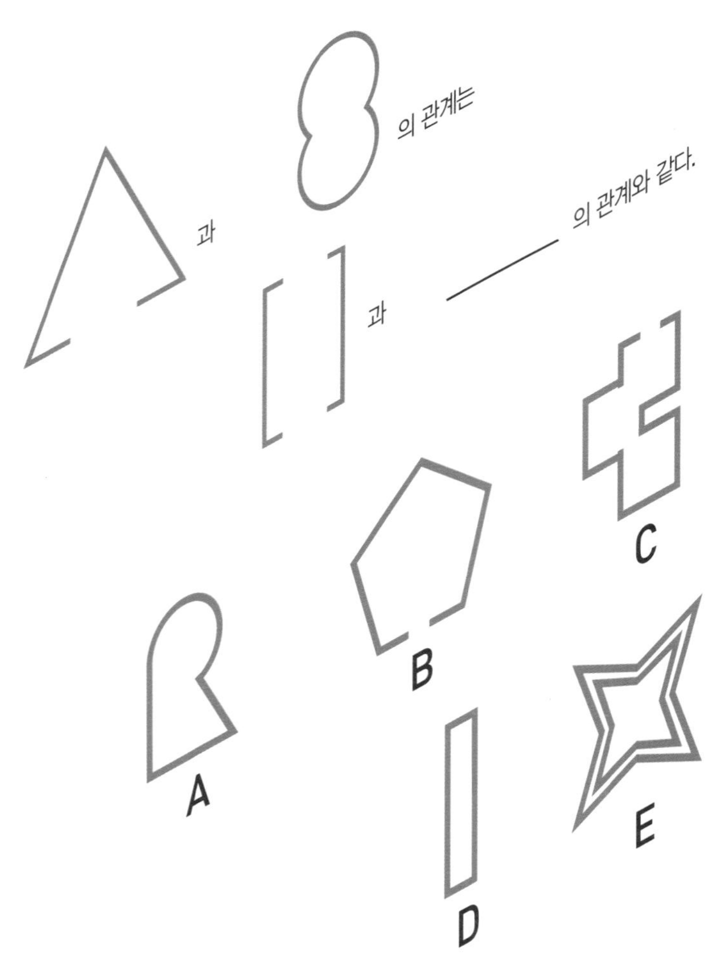

답: 231쪽

152

아래 숫자들은 다른 숫자와 일정한 관계가 있다. 물음표에 들어갈 숫자는 무엇일까?

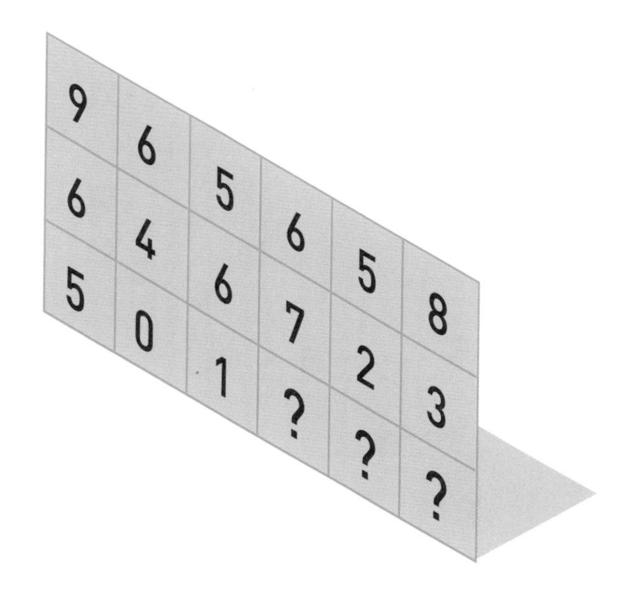

답: 231쪽

아래 그림에 직선 4개를 그어 6조각으로 나눠야 한다. 각 조각에는 사각형이 16개씩, 세 가지 색깔의 사각형이 하나씩은 들어가야 한다. 직선을 어떻게 그어야 할까?

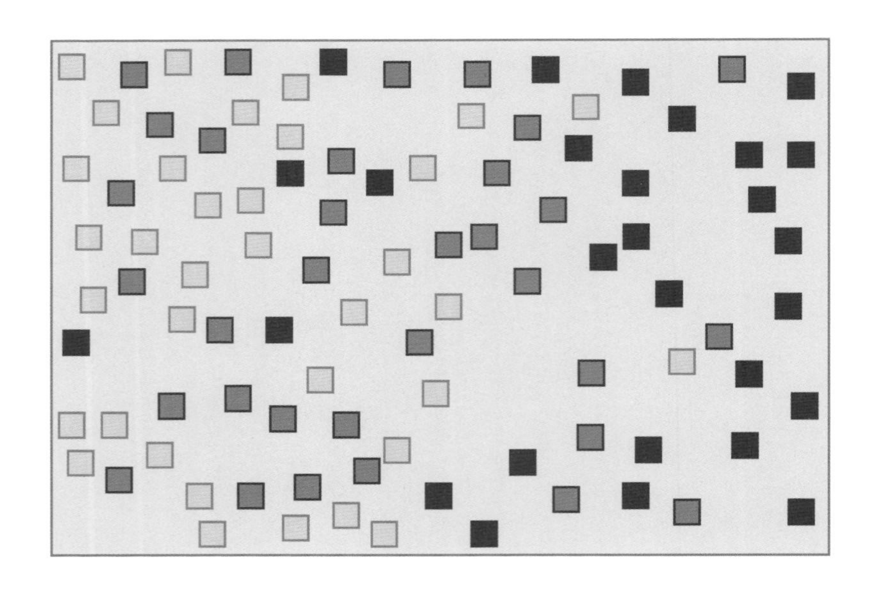

답: 231쪽

154

아래 숫자들은 다른 숫자와 일정한 관계가 있다. 물음표에 들어갈 숫자는 무엇일까?

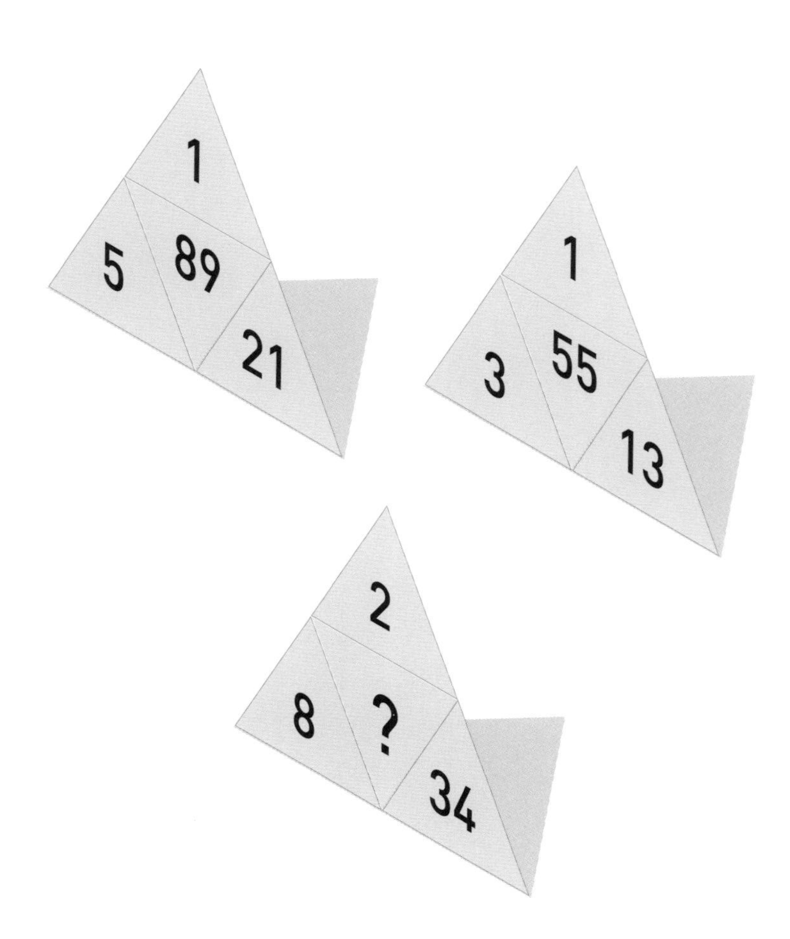

답:232쪽

아래 그림의 가로줄과 세로줄 끝에 적힌 숫자는 그 줄에 그려진 도형이 나타내는 숫자를 더한 값이다. 노란색 삼각형, 초록색 삼각형, 사각형, 원, 별이 나타내는 숫자는 무엇일까?

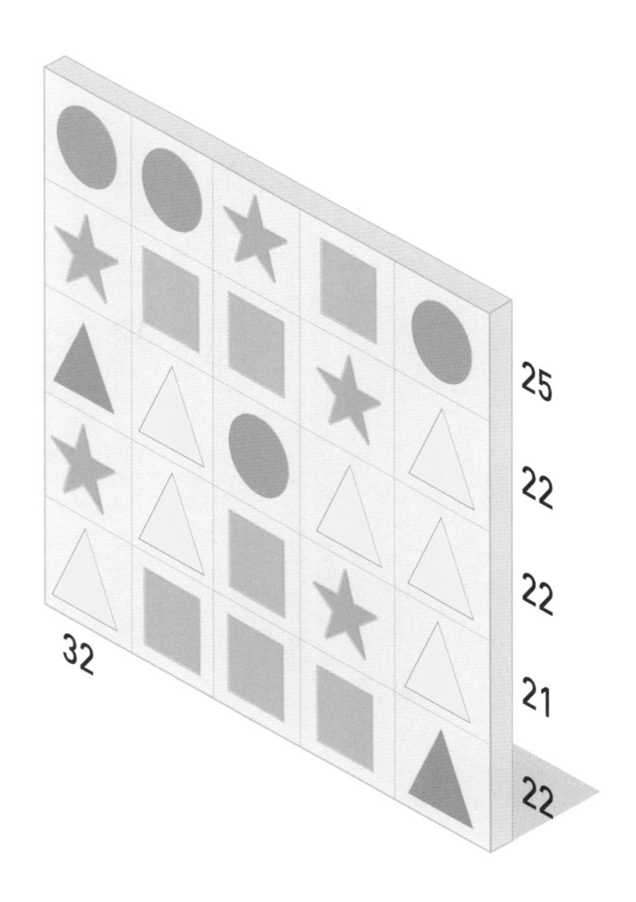

 답: 232쪽

156

아래 숫자들은 다른 숫자와 일정한 관계가 있다. 물음표에 들어갈 숫자는 무엇일까?

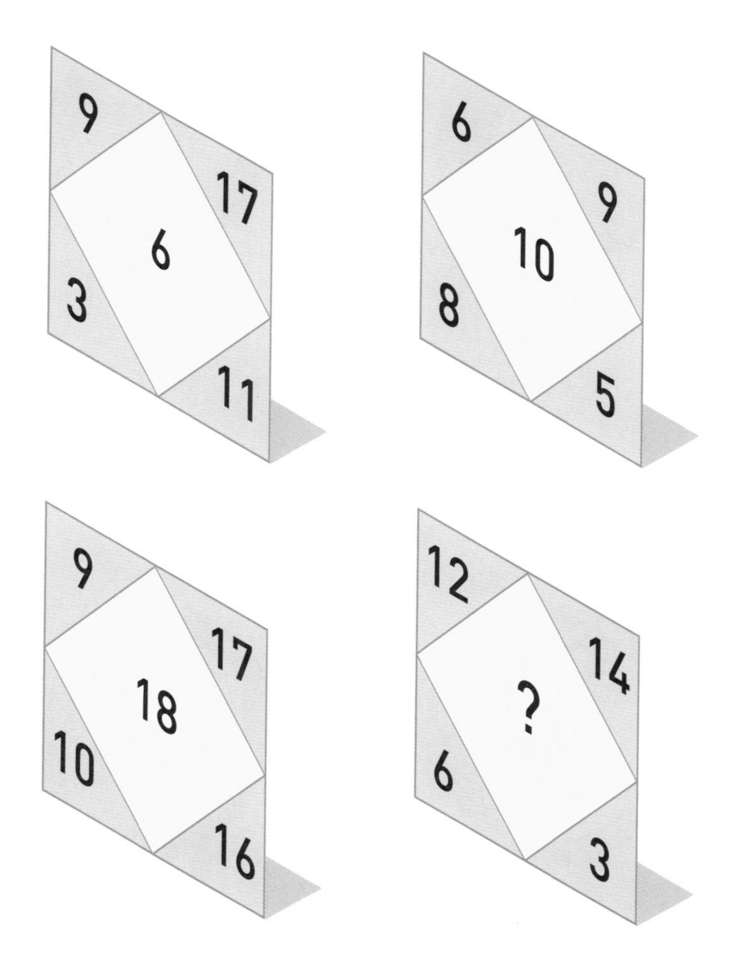

답:232쪽

물음표가 적힌 시계는 몇 시를 가리켜야 할까?

 답: 232쪽

다음 글자들을 조합해서 유명인 이름 10개를 만들 수 있다. 글자는 한 번씩만 쓸 수 있고, PAUL WALKER라는 이름이 PAU, LWA, LKER로 나뉠 수 있다. 유명인 10명의 이름은 무엇일까?

HINT : 영화배우

AD	ANB	CKS	INO	ON
SAM	AND	LJA	MC	ROB
AL	IS	CLI	IRO	SON
OOM	AST	DEN	OWE	UEL
PAC	NTE	ORL	LS	SSI
ALE	CAA	ERT	MEL	TI
JE	RAC	GIB	NWI	
LBA	CHR	HEL	OD	
AMS	ON	OBL	WO	

답:232쪽

159

아래 도형과 결합했을 때 완벽한 삼각형이 되는 것은 보기 A~D 중 어떤 것일까?

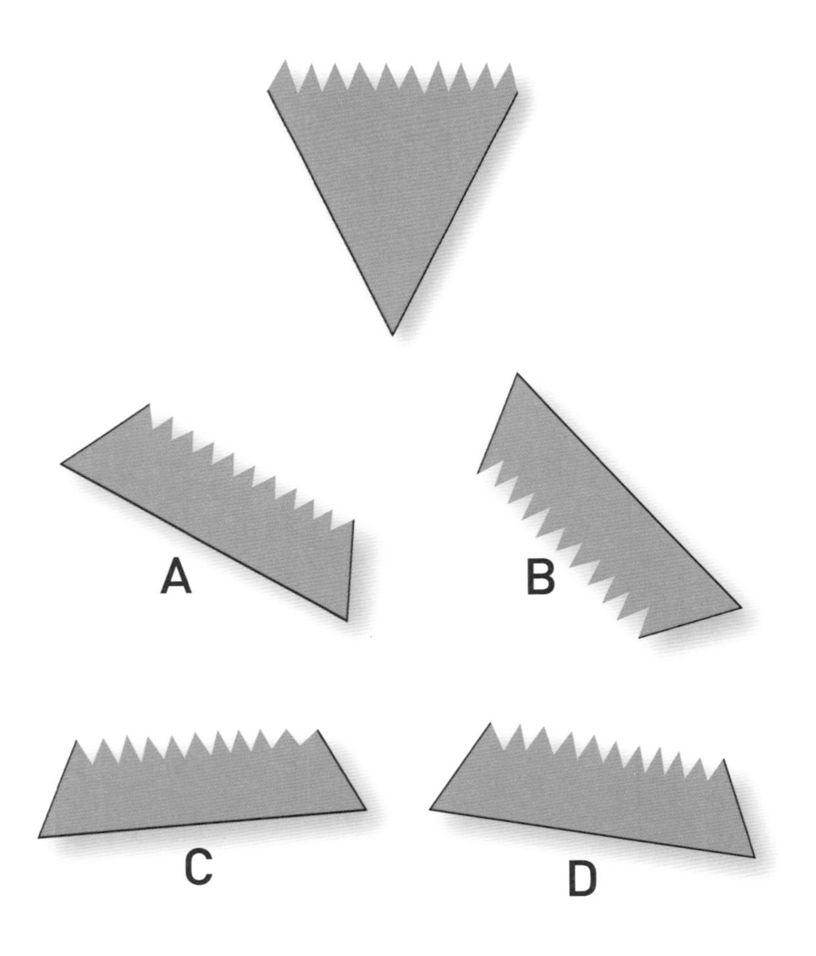

답: 232쪽

도형들이 어떤 규칙에 따라 나열되어 있다. 빈칸에 들어갈 도형은 무엇일까?

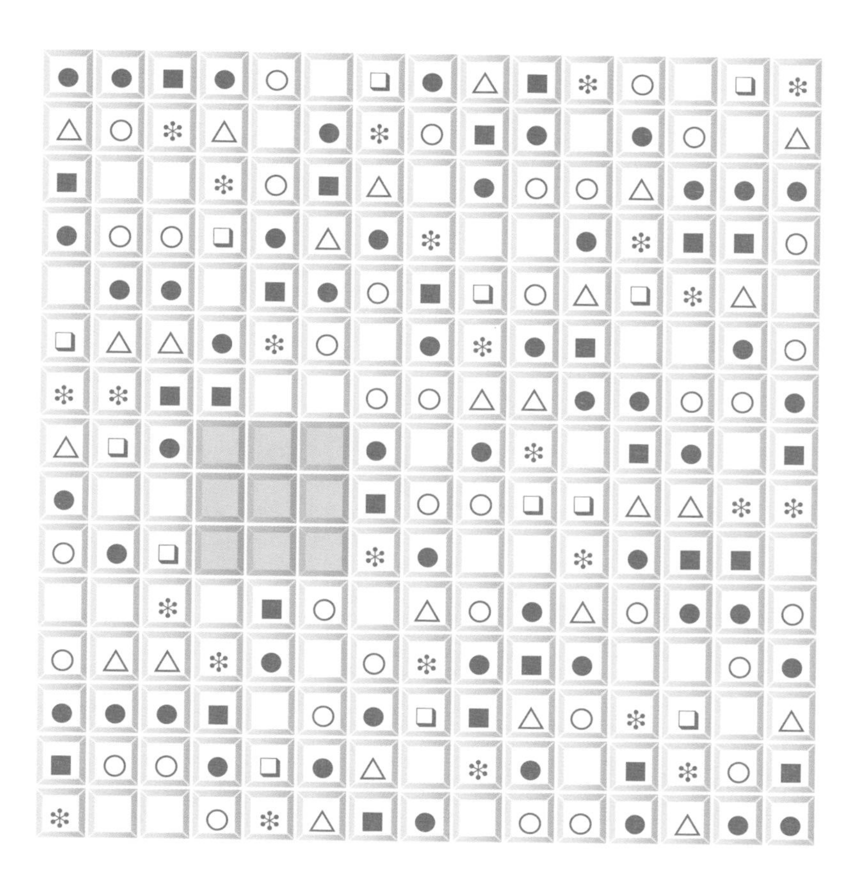

답: 232쪽

아래 조각들을 모아 하나의 도형을 만들 수 있다. 어떤 도형을 만들 수 있을까?

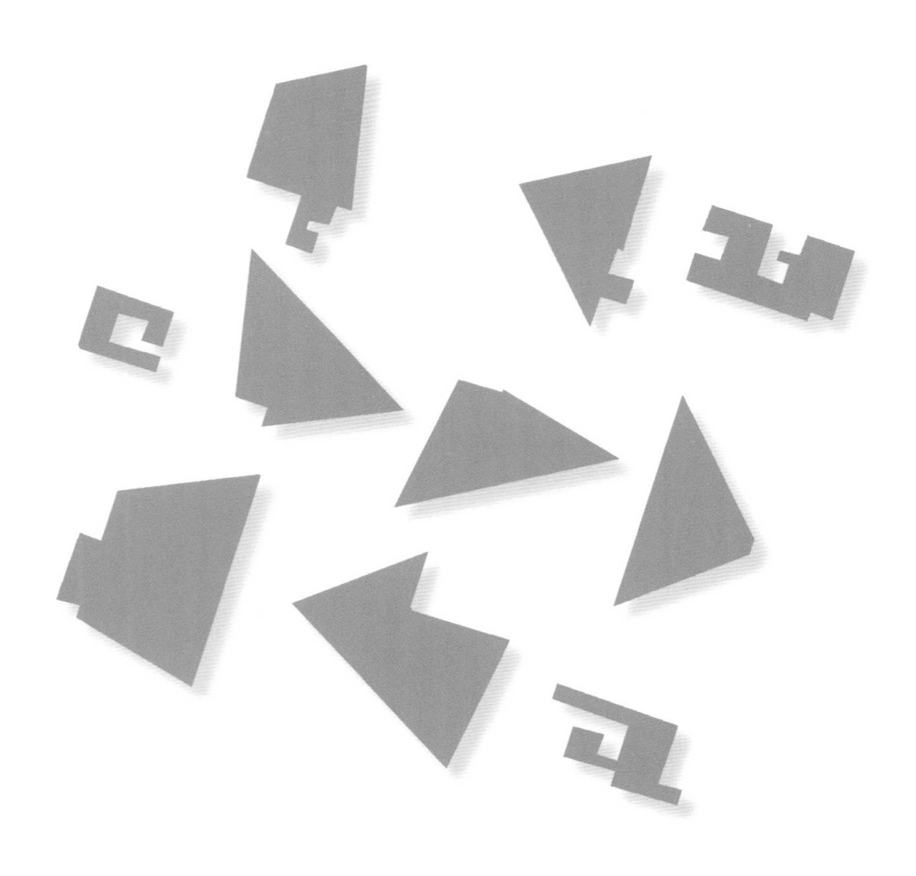

 답:233쪽

162

마지막 저울이 균형을 이루려면 구가 몇 개 필요할까?

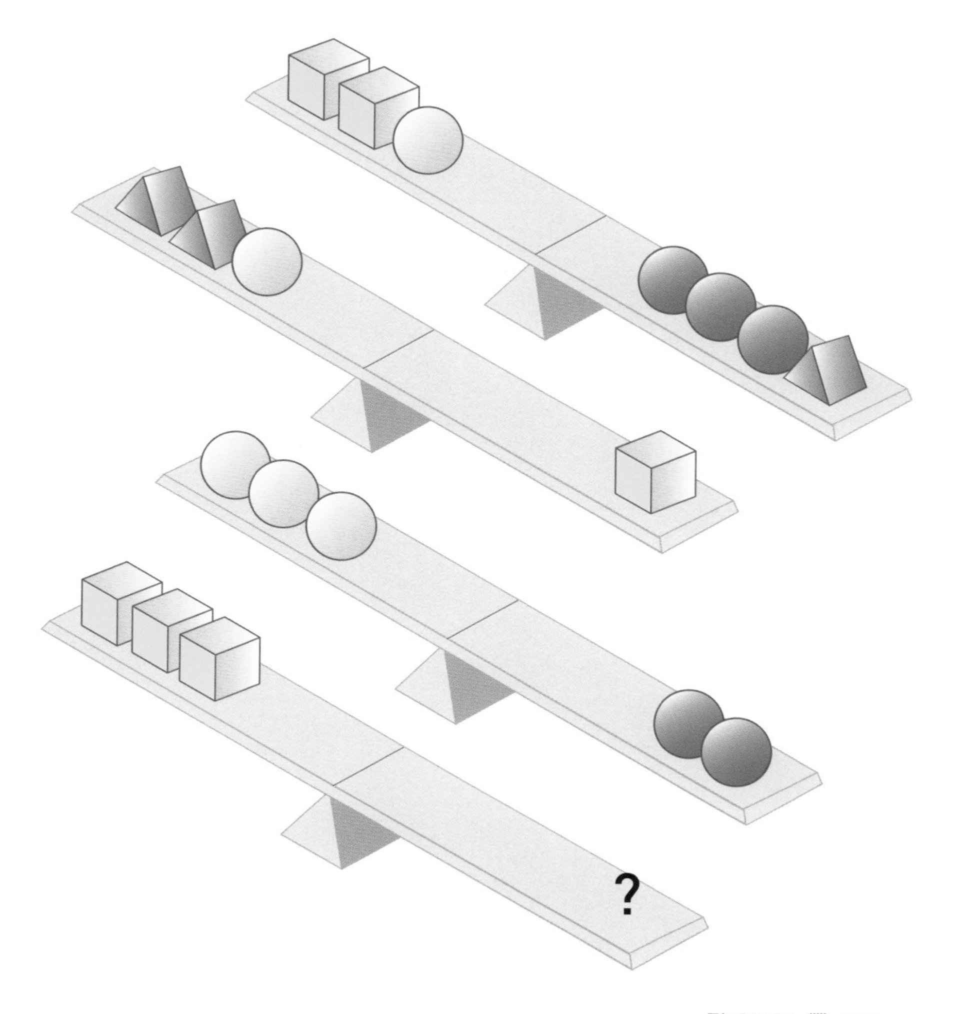

답:233쪽

163

아래 수식을 완성해야 한다. 숫자 중 지수로 올라가는 숫자 1개가 있으며 괄호가 필요할 수도 있다. 수식을 완성하려면 숫자와 숫자 사이에 사칙연산 부호를 어떻게 넣어야 할까?

16 10 11 3 9 15 = 25

 답:233쪽

164

맨 윗줄 왼쪽 1이 적힌 칸에서 출발해 맨 아랫줄 오른쪽 25가 적힌 칸에 도착해야 한다. 각 칸에는 이동 방향을 나타내는 화살표가 그려져 있고, 몇 번째로 그 칸을 지나는지 숫자가 적혀 있다. 빈칸에 숫자를 어떻게 채워야 할까?

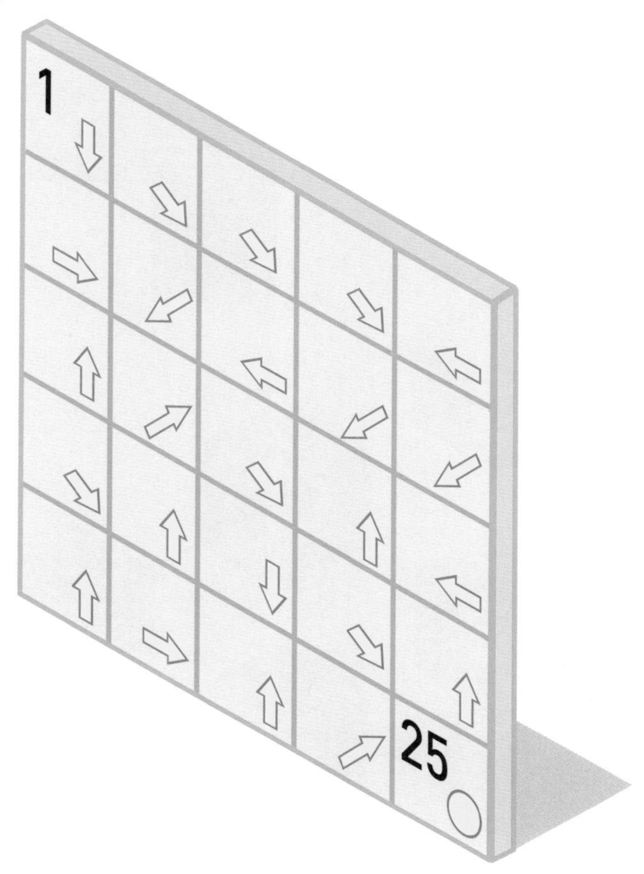

아래 전개도로 만들 수 없는 주사위는 보기 A~E 중 어떤 것일까?

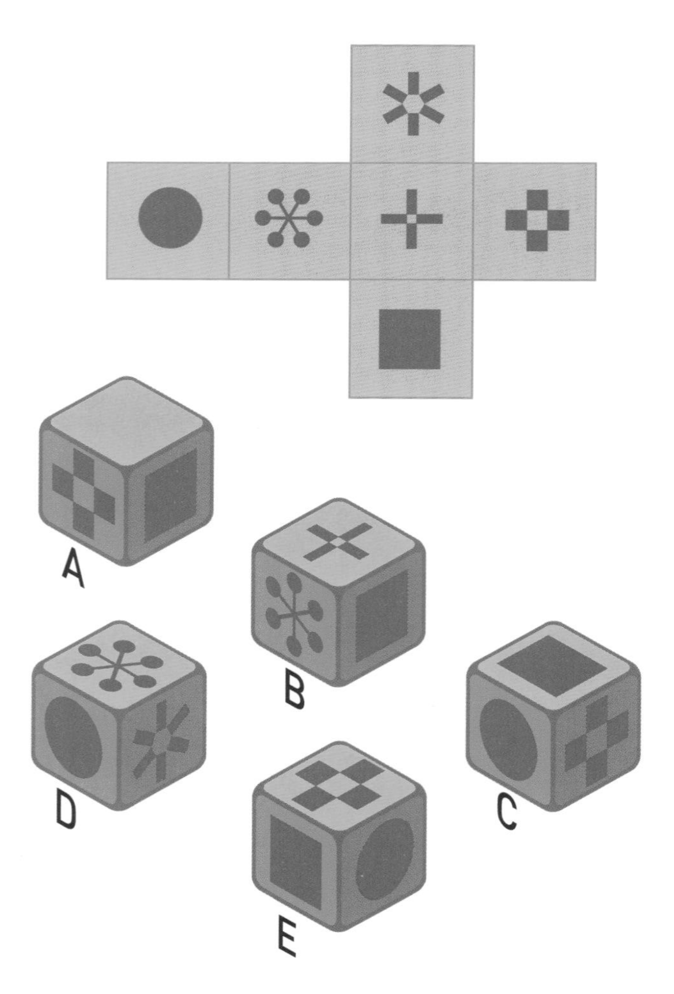

 답: 233쪽

166

다음에 올 그림은 보기 A~E 중 어떤 것일까?

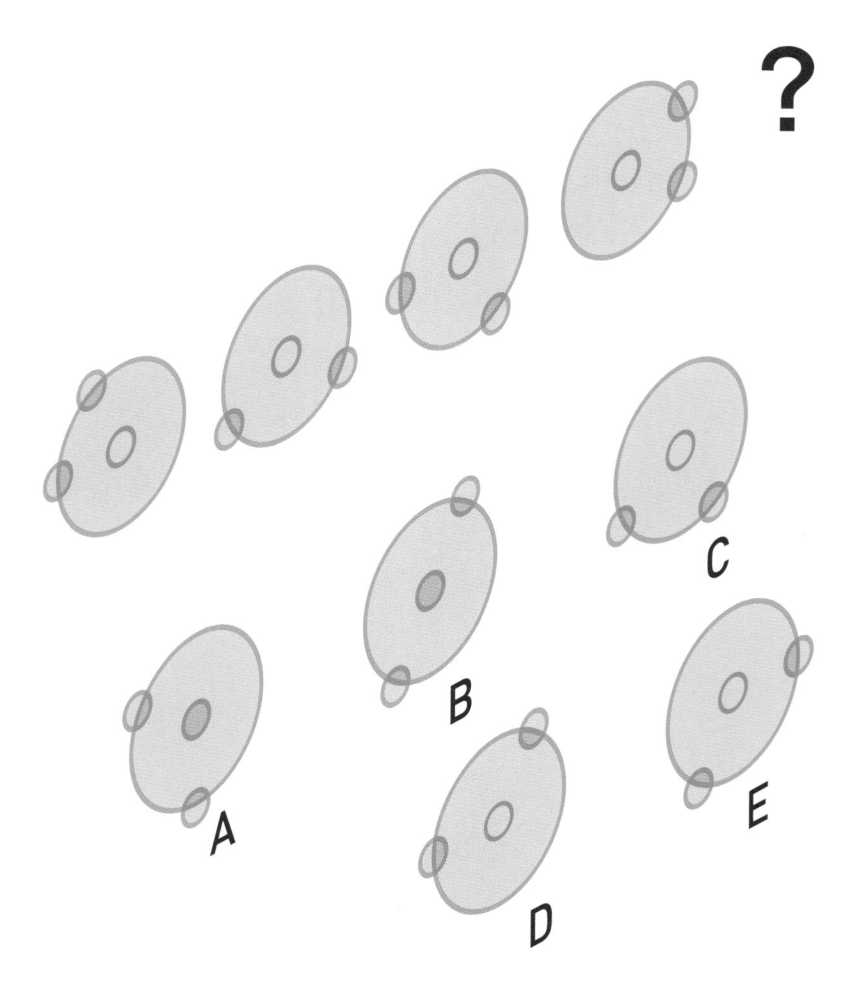

답: 233쪽

167

아래 숫자들은 다른 숫자와 일정한 관계가 있다. 물음표에 들어갈 숫자는 무엇일까?

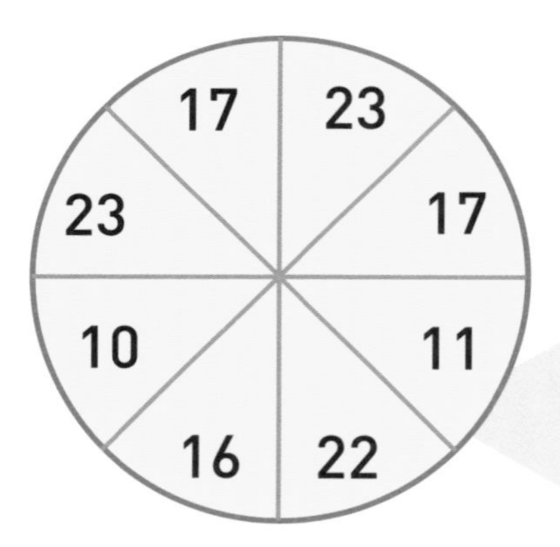

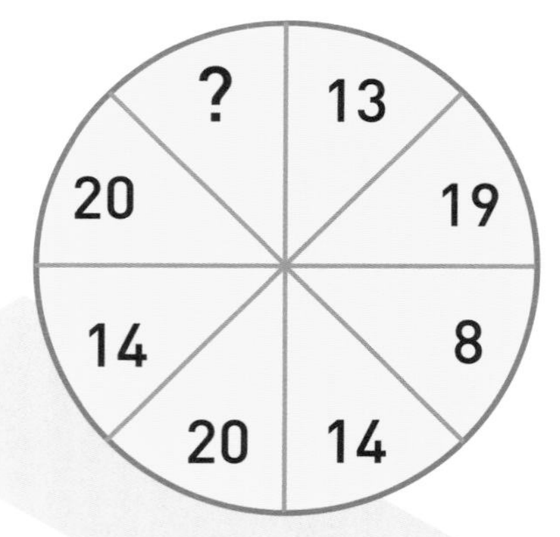

답: 233쪽

168

빈칸 아래 숫자들이 있다. 이 숫자들로 표의 빈칸을 채워야 한다. 표를 어떻게 채워야 할까?

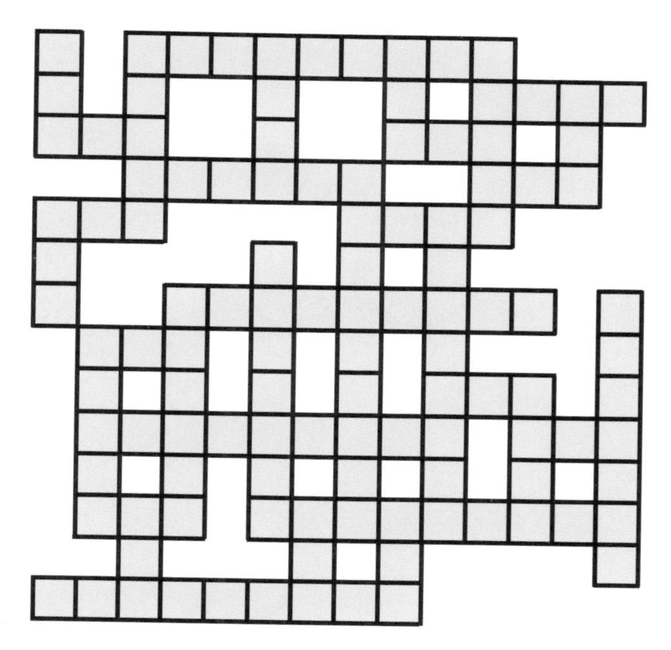

세 자릿수
168
190
230
325
338
343
362
374
510
559
589
701
800
808
955

네 자릿수
4210
6488
8580
8980

다섯 자릿수
42932
77702
94050

여섯 자릿수
119480
328882

일곱 자릿수
1979731
7801348

여덟 자릿수
80388100

아홉 자릿수
108855380
280588703
411646199
504413875
794531721
833301083

답: 234쪽

아래 숫자들은 다른 숫자와 일정한 관계가 있다. 물음표에 들어갈 숫자는 무엇일까?

 답:234쪽

170

도형들의 관계를 파악해보자. 빈칸에 들어갈 도형은 보기 A~E 중 어떤 것일까?

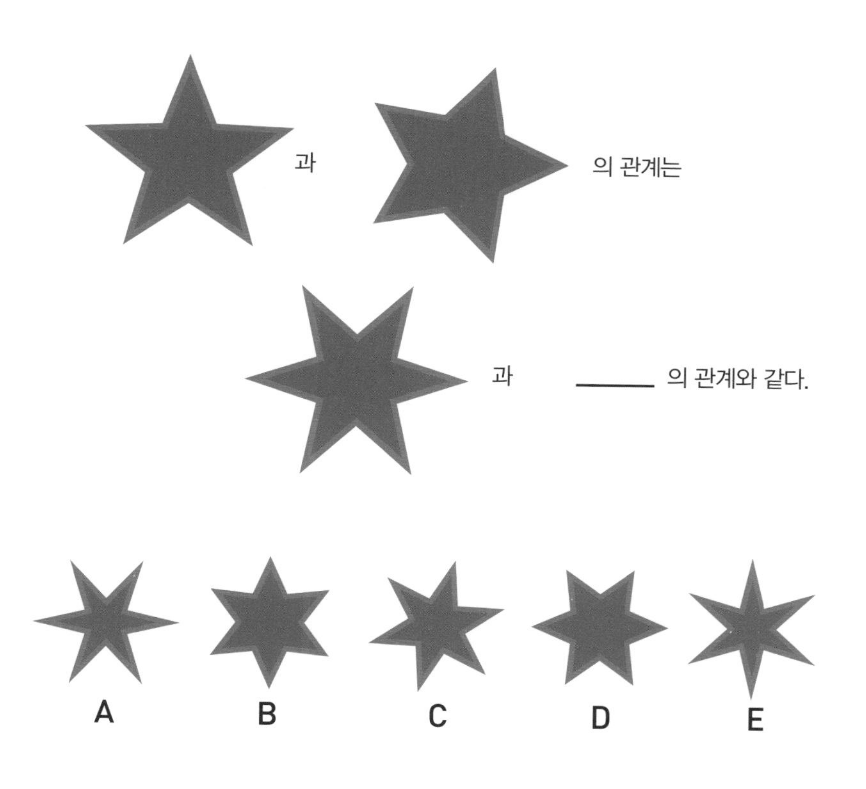

나머지와 다른 하나는 보기 A~E 중 어떤 것일까?

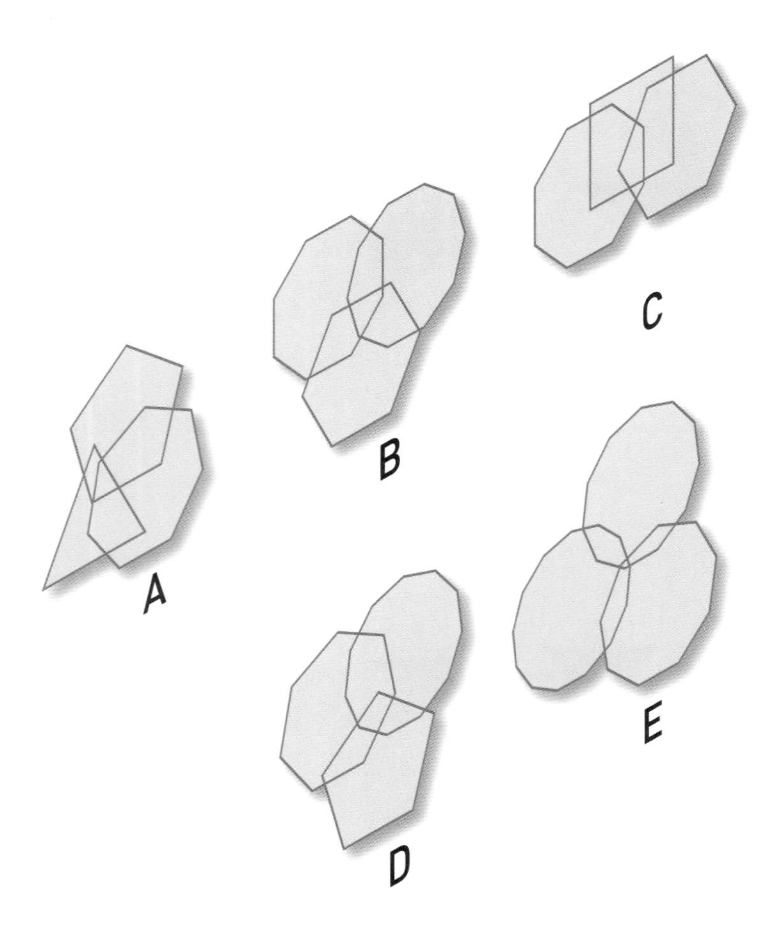

 답: 234쪽

172

아래 숫자들은 다른 숫자와 일정한 관계가 있다. 물음표에 들어갈 숫자는 무엇일까?

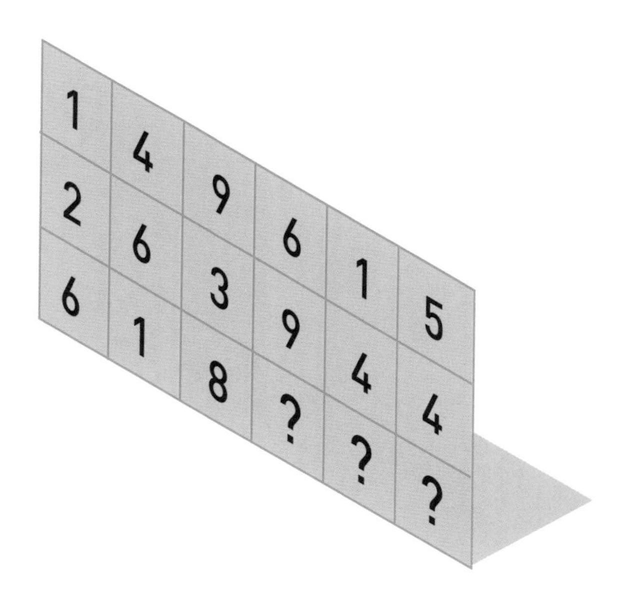

답:234쪽

아래 그림에 직선 7개를 그어 8조각으로 나눠야 한다. 각 조각에는 다섯 가지 도형이 같은 개수만큼 들어가야 하며 직선은 모두 사각형의 변에 닿아야 한다. 직선을 어떻게 그어야 할까?

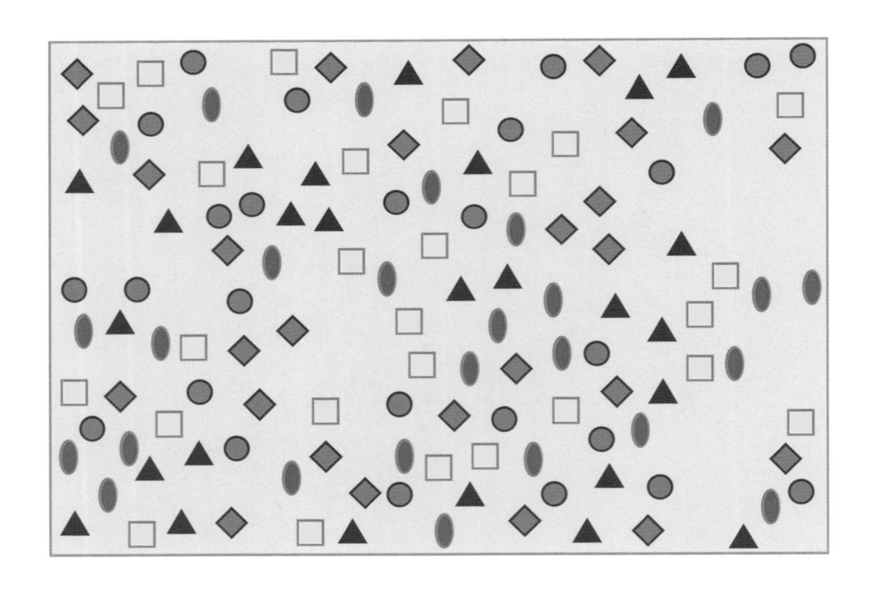

 답: 235쪽

174

아래 숫자들은 다른 숫자와 일정한 관계가 있다. 물음표에 들어갈 숫자는 무엇일까?

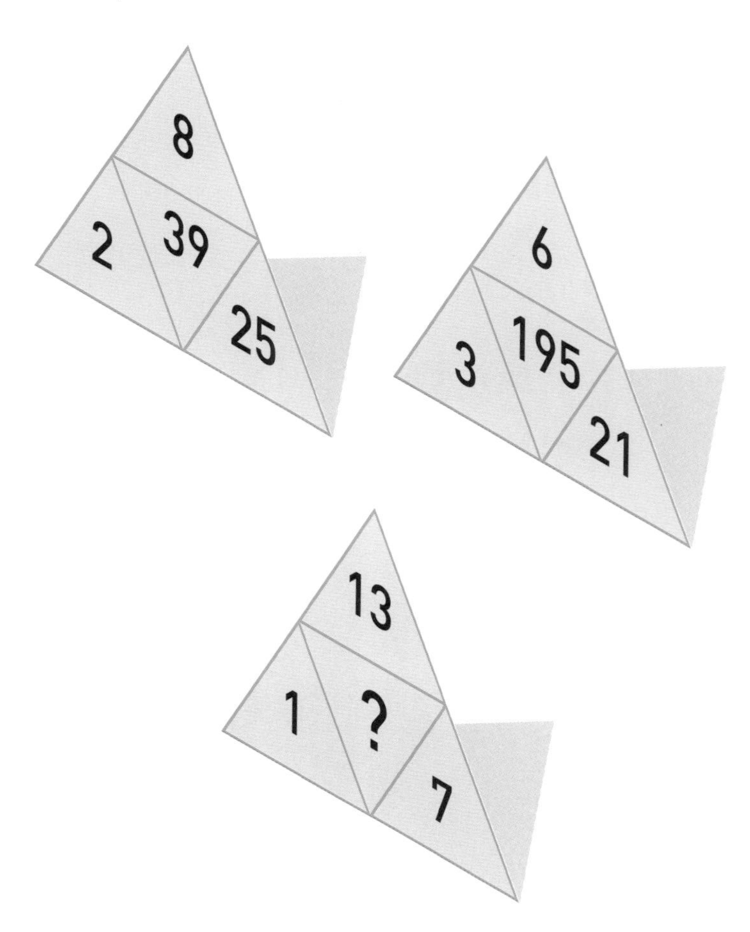

답: 235쪽

175

아래 그림의 가로줄 끝에 적힌 숫자는 그 줄에 그려진 도형이 나타내는 숫자를 더한 값이다. 노란색 삼각형, 초록색 삼각형, 사각형, 원, 별이 나타내는 숫자는 무엇일까?

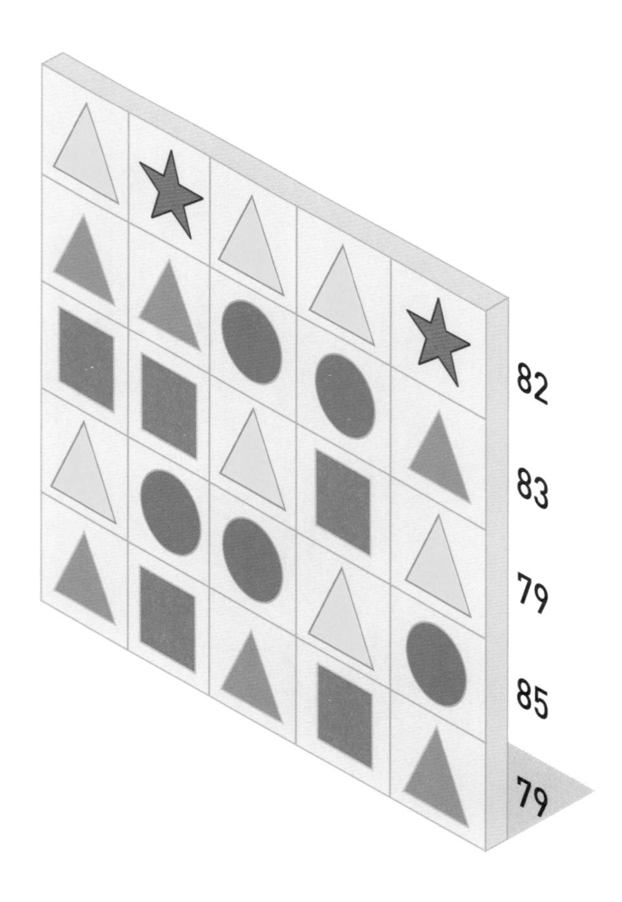

176

아래 숫자들은 다른 숫자와 일정한 관계가 있다. 물음표에 들어갈 숫자는 무엇일까?

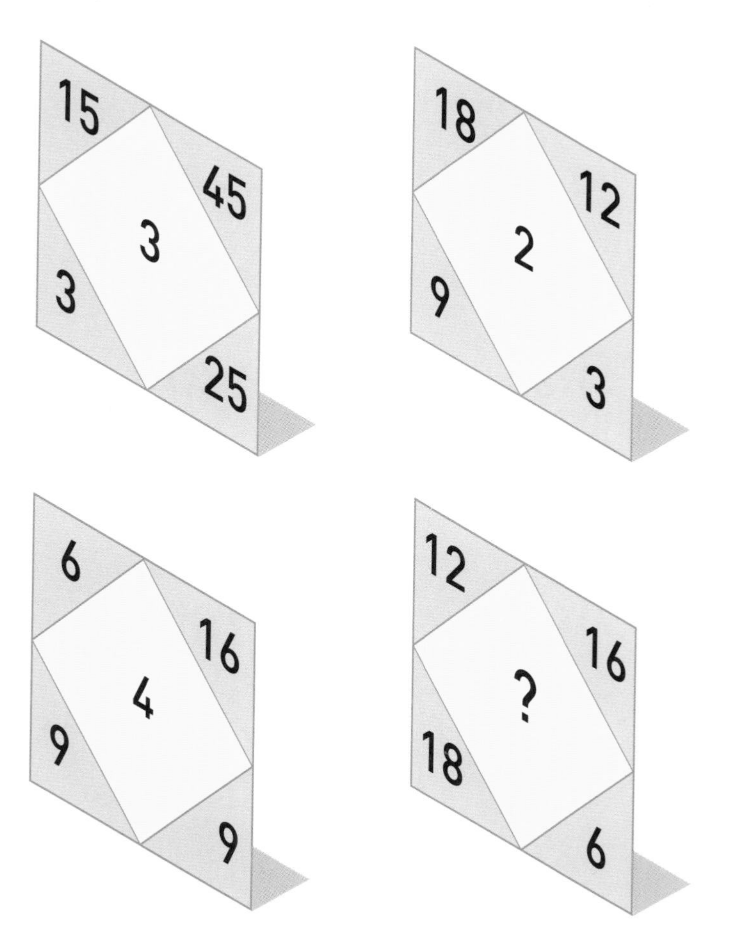

물음표가 적힌 시계는 몇 시를 가리켜야 할까?

1:30

2:15

3:10

 답: 235쪽

178

다음 글자들을 조합해서 유명인 이름 10개를 만들 수 있다. 글자는 한 번씩만 쓸 수 있고, PAUL WALKER라는 이름이 PAU, LWA, LKER로 나뉠 수 있다. 유명인 10명의 이름은 무엇일까?

HINT : 영화배우

PET	AIG	ERS	ER	D
EDW	COO	KWA	ONE	AST
RLE	MAR	LCR	EMM	ARD
MSA	ELL	BRA	C	PER
ERG	LEY	NEY	ADA	DA
TDA	ERS	RGE	TON	SCA
NDL	ANS	MON	NIE	
MAT	JOH	LOO	TT	
SON	HLB	NOR	GEO	

답:235쪽

179

아래 도형과 결합했을 때 완벽한 삼각형이 되는 것은 보기 A~D 중 어떤 것일까?

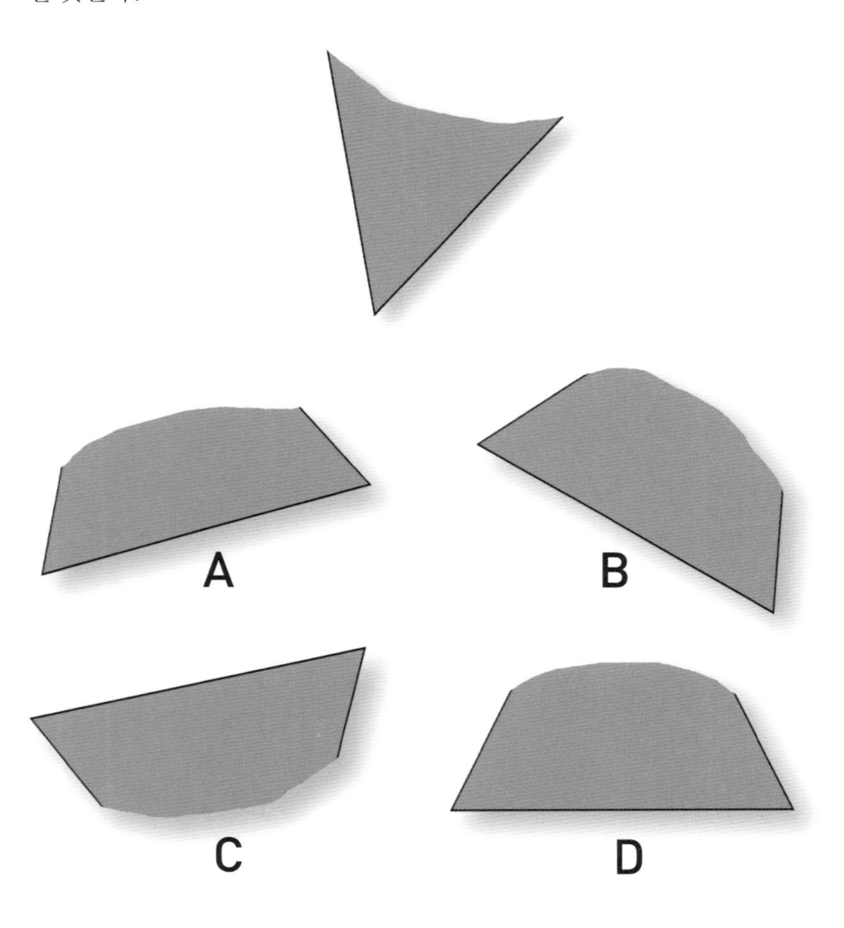

 답: 235쪽

180

도형들이 어떤 규칙에 따라 나열되어 있다. 빈칸에 들어갈 도형은 무엇일까?

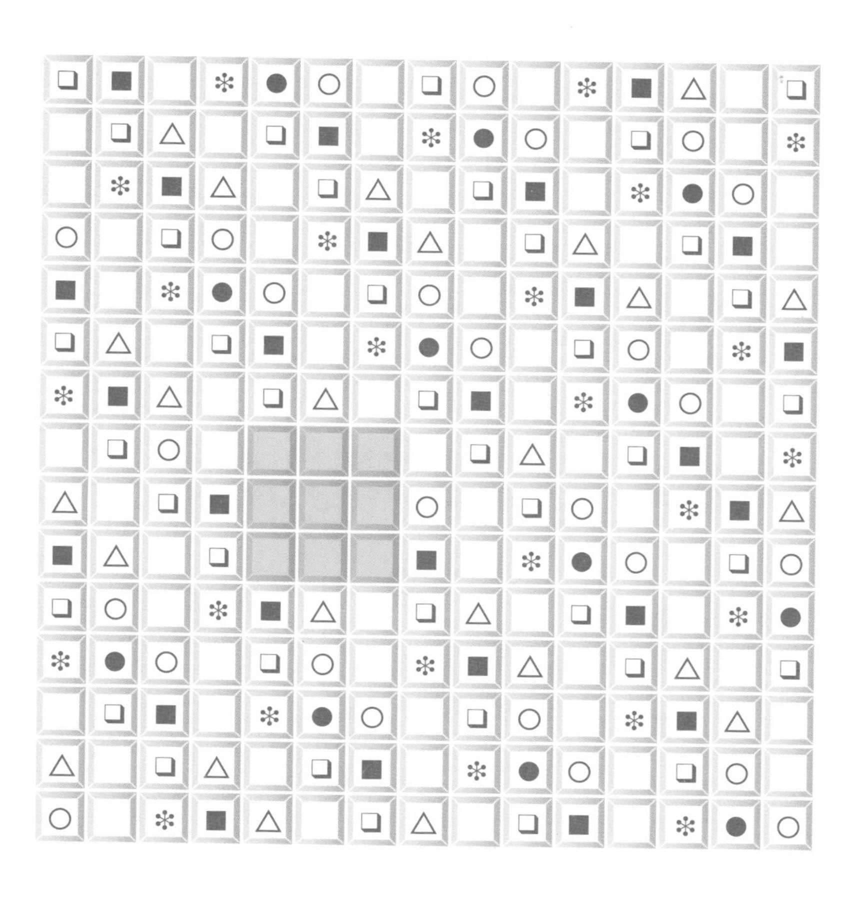

답: 236쪽

아래 조각들을 모아 하나의 도형을 만들 수 있다. 어떤 도형을 만들 수 있을까?

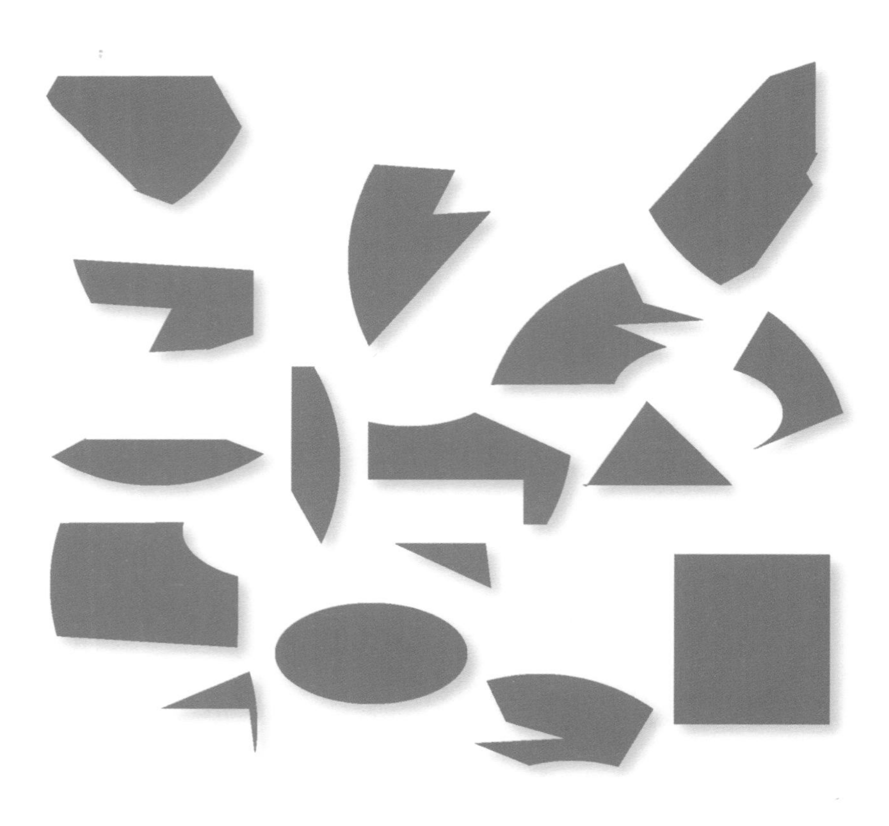

답: 236쪽

182

마지막 저울이 균형을 이루려면 삼각기둥이 몇 개 필요할까?

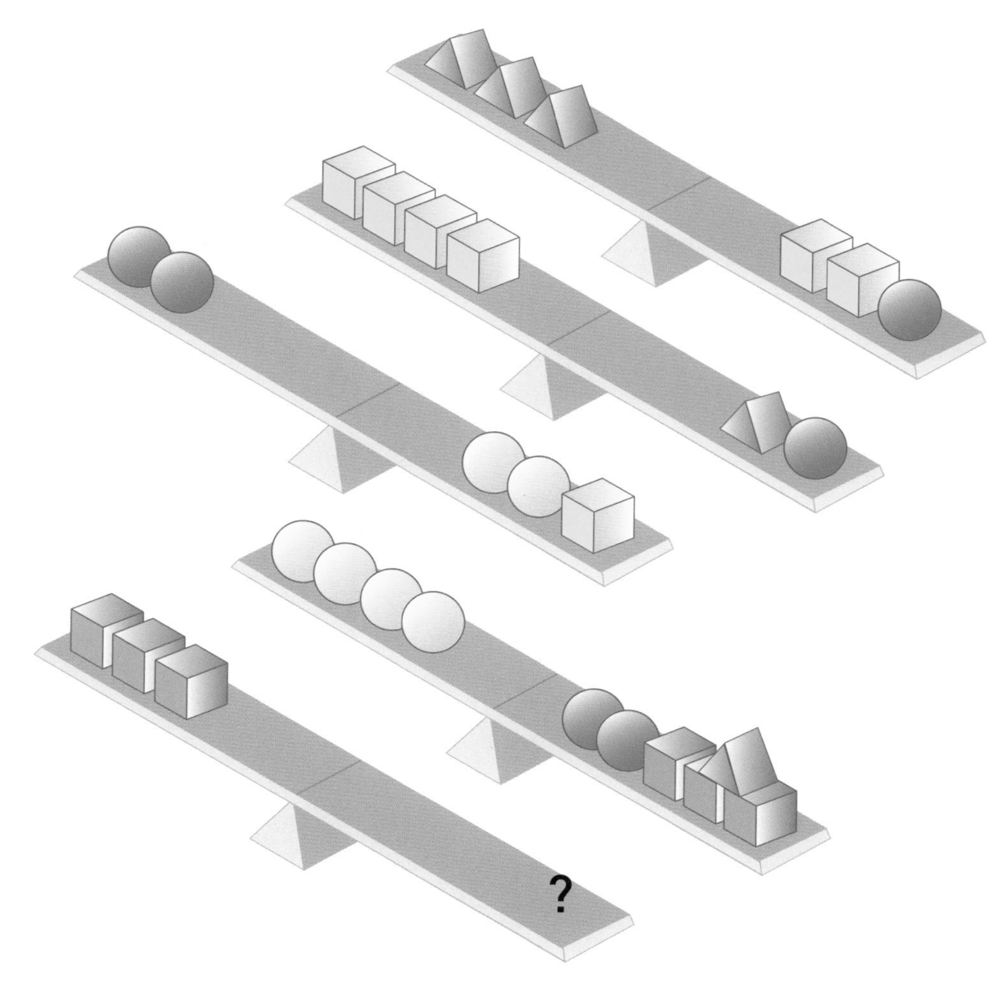

답:236쪽

183

아래 수식을 완성해야 한다. 숫자 중 지수로 올라가는 숫자 1개가 있으며 괄호가 필요할 수도 있다. 수식을 완성하려면 숫자와 숫자 사이에 사칙연산 부호를 어떻게 넣어야 할까?

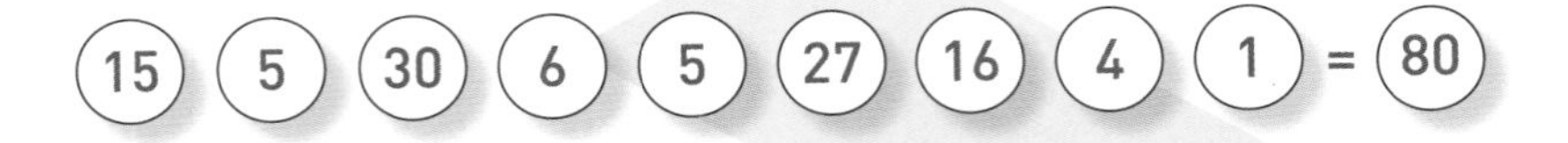

답: 236쪽

184

맨 윗줄 왼쪽 1이 적힌 칸에서 출발해 맨 아랫줄 오른쪽 36이 적힌 칸에 도착해야 한다. 각 칸에는 이동 방향을 나타내는 화살표가 그려져 있고, 몇 번째로 그 칸을 지나는지 숫자가 적혀 있다. 빈칸에 숫자를 어떻게 채워야 할까?

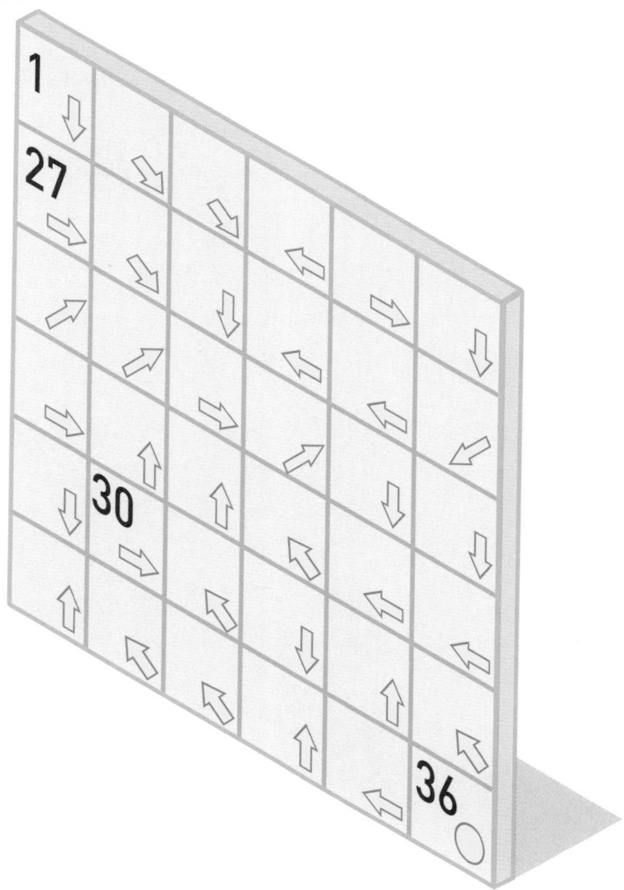

답: 236쪽

185

아래 전개도로 만들 수 없는 주사위는 보기 A~E 중 어떤 것일까?

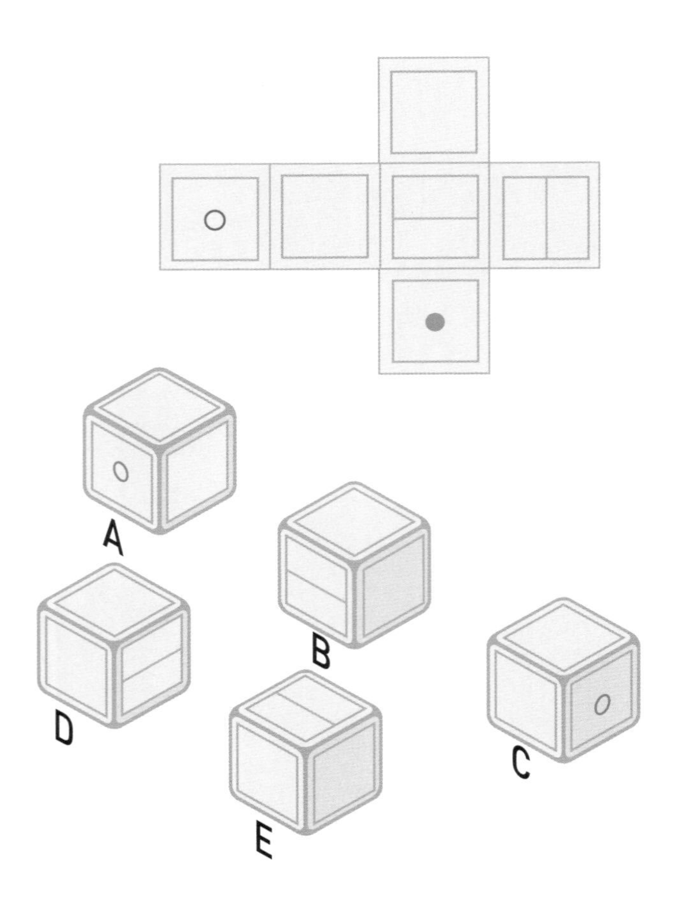

다음에 올 그림은 보기 A~E 중 어떤 것일까?

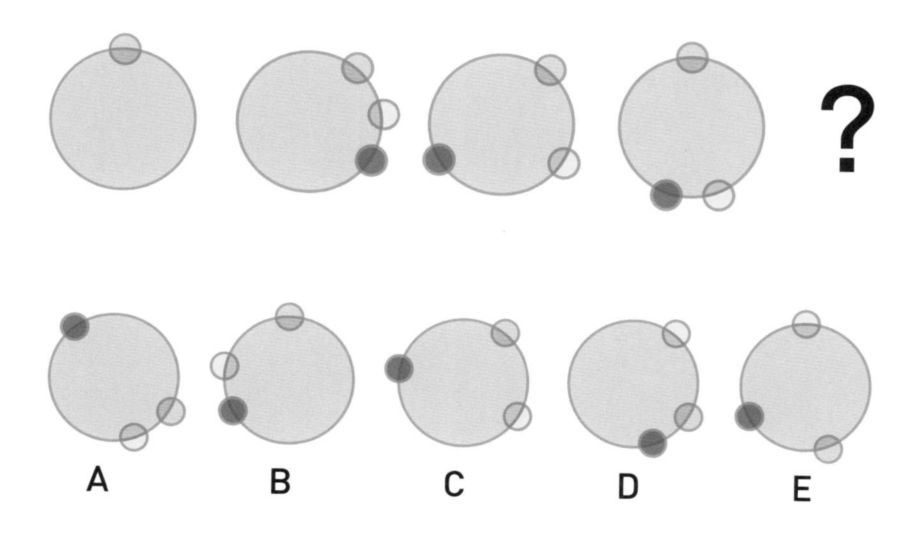

답: 236쪽

187

아래 숫자들은 다른 숫자와 일정한 관계가 있다. 물음표에 들어갈 숫자는 무엇일까?

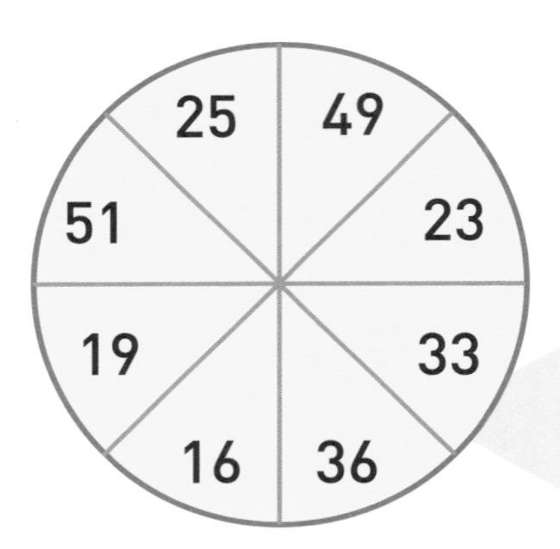

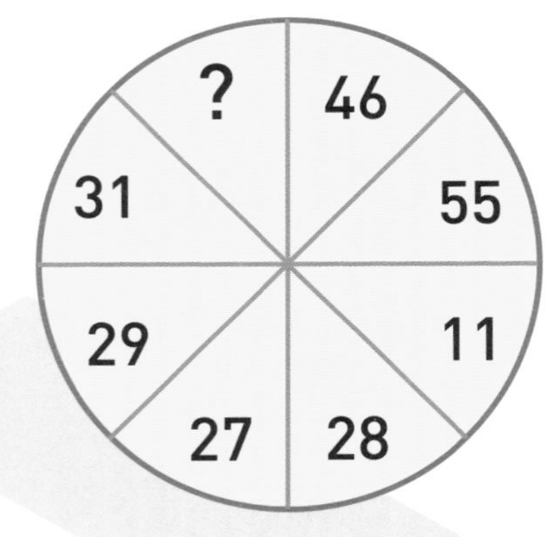

답: 237쪽

빈칸 아래 숫자들이 있다. 이 숫자들로 표의 빈칸을 채워야 한다. 표를 어떻게 채워야 할까?

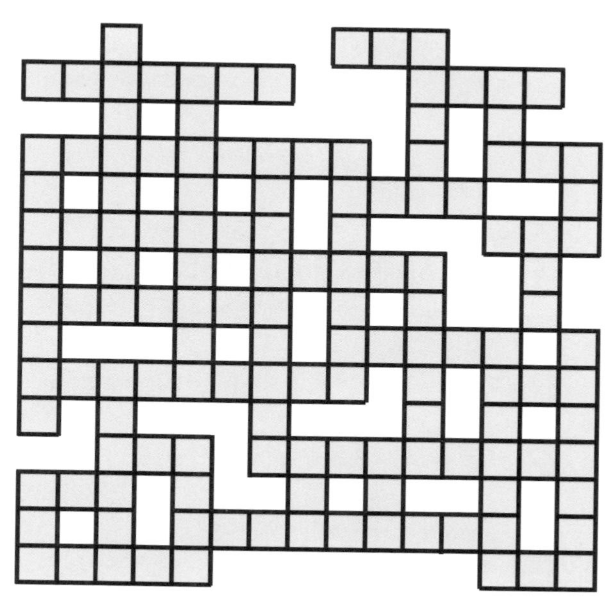

세 자릿수
229
347
350
388
399
429
497
626
701
717
744
912
933

네 자릿수
7654
9050
9241

다섯 자릿수
18395
19450
49421
79035

여섯 자릿수
123070
332724

일곱 자릿수
1240638
3794619
4506853
5942083
7206506
9883783

여덟 자릿수
30220820
94987216

아홉 자릿수
153089939
336603290
523469923
574036838
873077538
992739533

답: 237쪽

아래 숫자들은 다른 숫자와 일정한 관계가 있다. 물음표에 들어갈 숫자는 무엇일까?

 답: 237쪽

190

도형들의 관계를 파악해보자. 빈칸에 들어갈 도형은 보기 A~E 중 어떤 것일까?

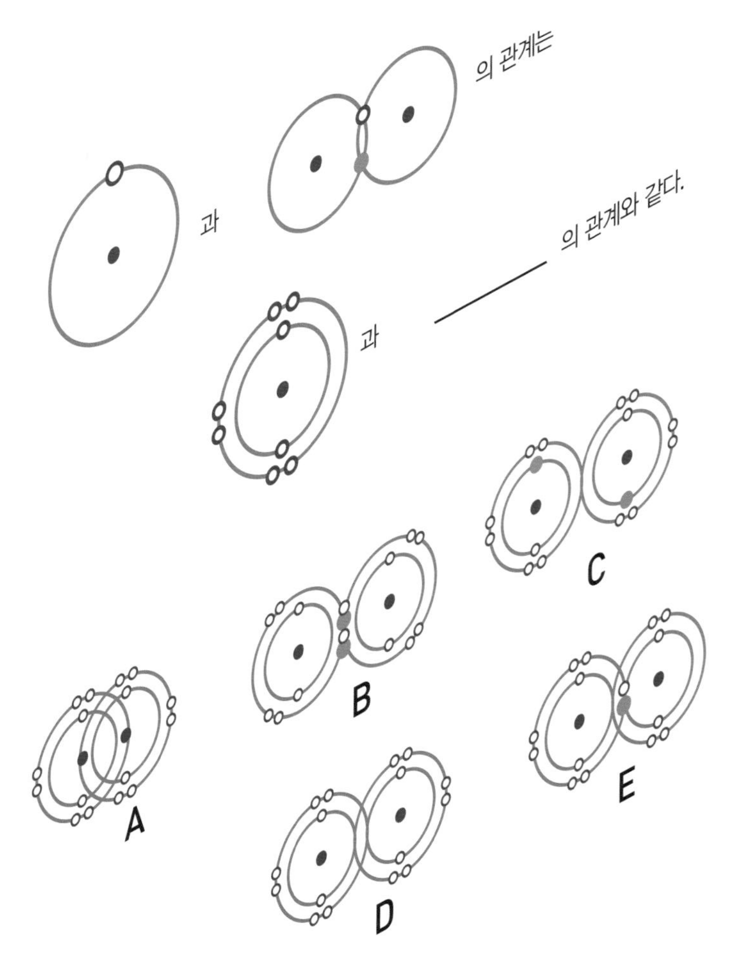

나머지와 다른 하나는 보기 A~E 중 어떤 것일까?

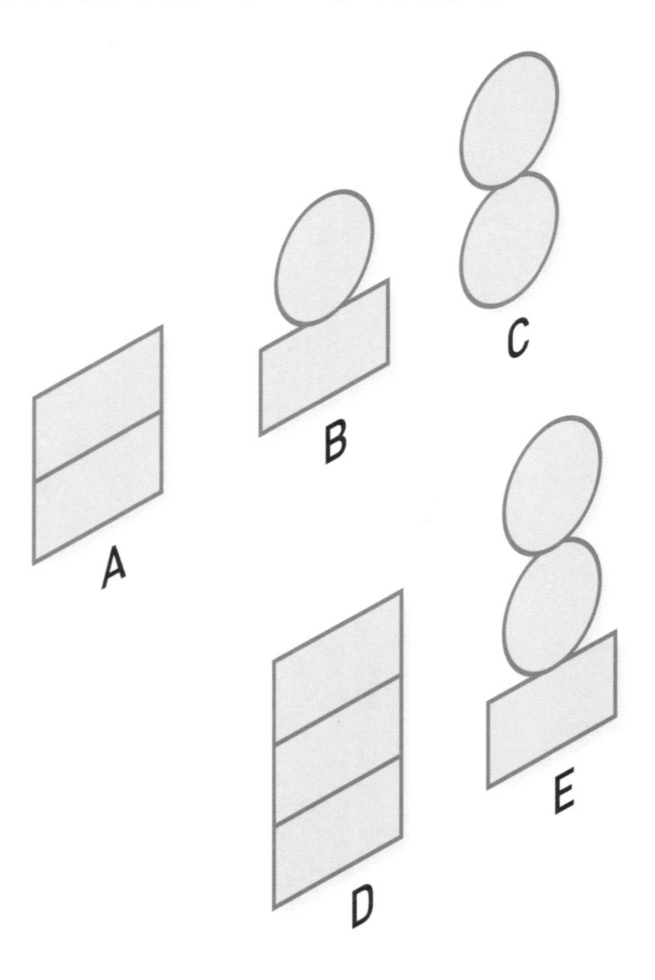

 답: 238쪽

192

아래 숫자들은 다른 숫자와 일정한 관계가 있다. 물음표에 들어갈 숫자는 무엇일까?

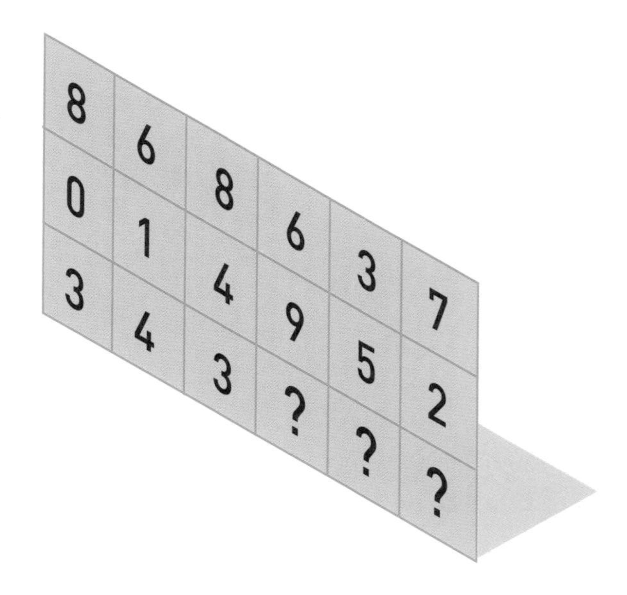

답: 238쪽

아래 그림에 직선 13개를 그어 12조각으로 나눠야 한다. 각 조각에는 세 가지 공이 같은 개수만큼 들어가야 한다. 직선을 어떻게 그어야 할까?

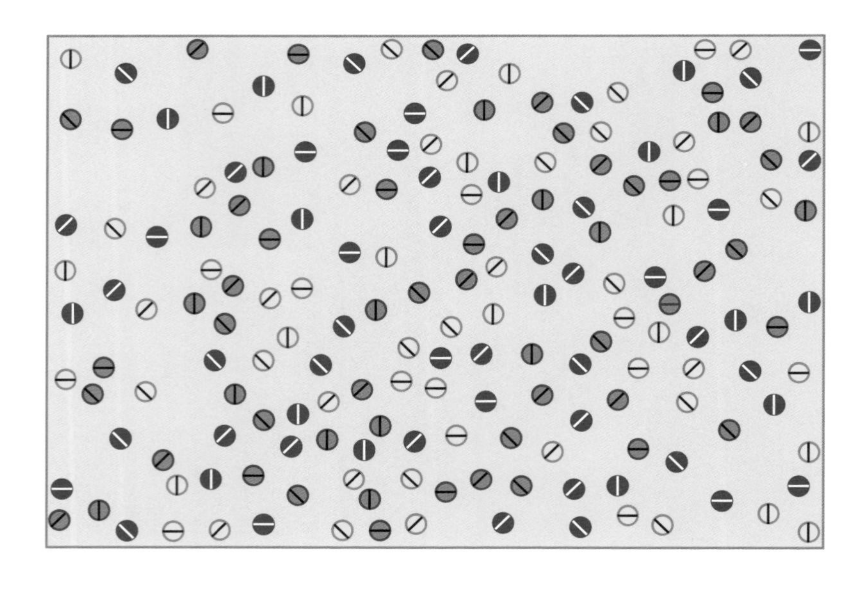

답: 238쪽

194

아래 숫자들은 다른 숫자와 일정한 관계가 있다. 물음표에 들어갈 숫자는 무엇일까?

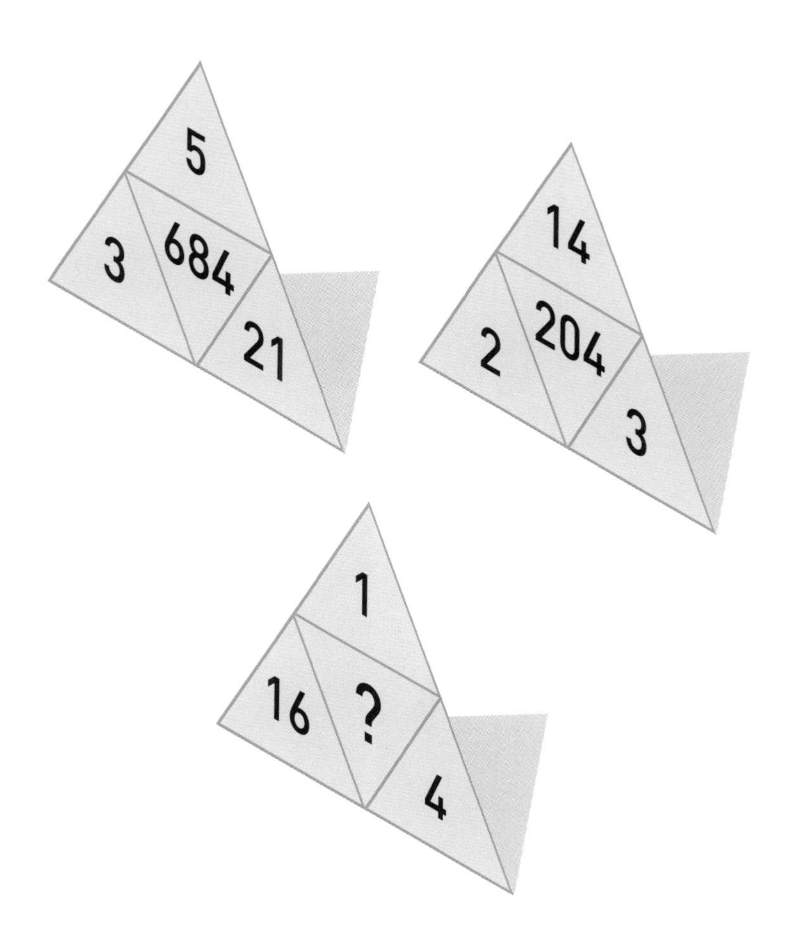

답: 238쪽

195

아래 그림의 가로줄과 세로줄 끝에 적힌 숫자는 그 줄에 그려진 도형이 나타내는 숫자를 더한 값이다. 노란색 삼각형, 초록색 삼각형, 사각형, 원, 연보라색 별, 파란색 별이 나타내는 숫자는 무엇일까?

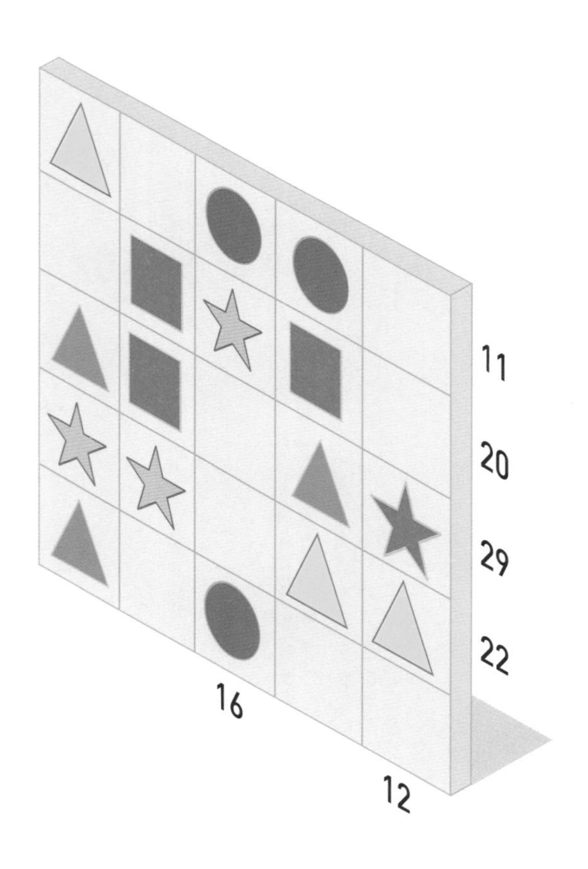

답:238쪽

196

아래 숫자들은 다른 숫자와 일정한 관계가 있다. 물음표에 들어갈 숫자는 무엇일까?

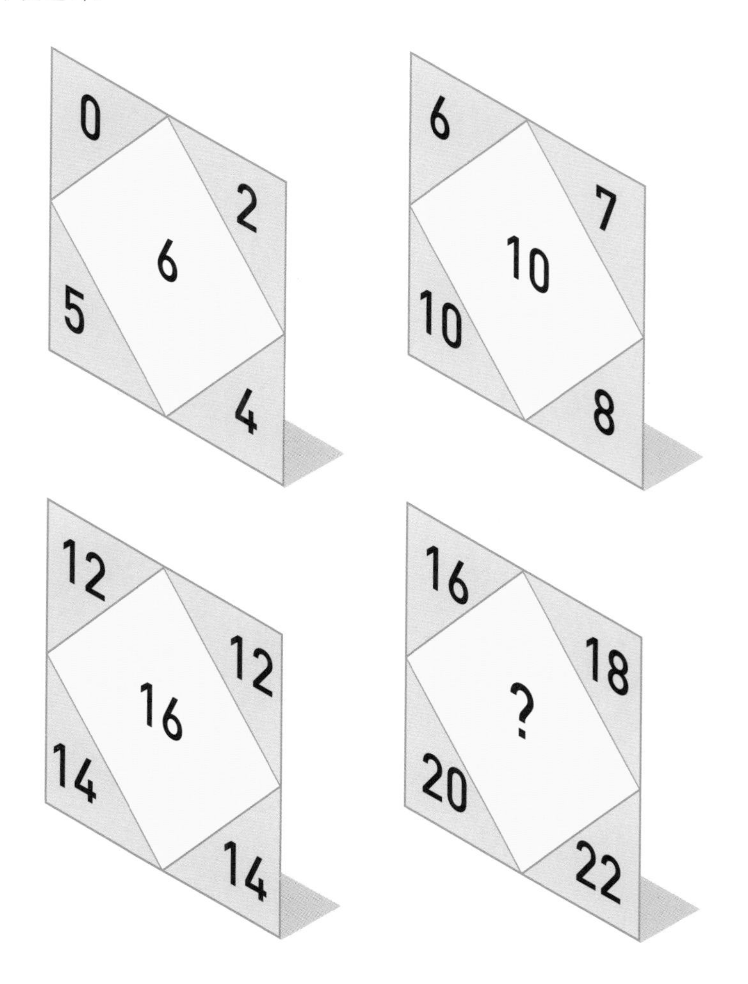

물음표가 적힌 시계는 몇 시를 가리켜야 할까?

6:10

4:15

11:20

 답: 239쪽

다음 글자들을 조합해서 유명인 이름 10개를 만들 수 있다. 글자는 한 번씩만 쓸 수 있고, PAUL WALKER라는 이름이 PAU, LWA, LKER로 나뉠 수 있다. 유명인 10명의 이름은 무엇일까?

HINT : 영화배우

AC	AN	OB	RO	AN	TE
AD	SN	ER	LI	ON	TI
BR	AR	KS	ON	ES	C
NI	BE	EY	LI	PE	TS
NM	ER	CO	PI	PI	N
AK	CK	GU	NE	RJ	L
LL	TL	IA	IR	RY	T
AL	EB	IN	NE	SE	EC
AM	NE	JU	T	EN	EL
GH	ER	KE	NS	SS	

답 : 239쪽

199

아래 도형과 결합했을 때 완벽한 삼각형이 되는 것은 보기 A~D 중 어떤 것일까?

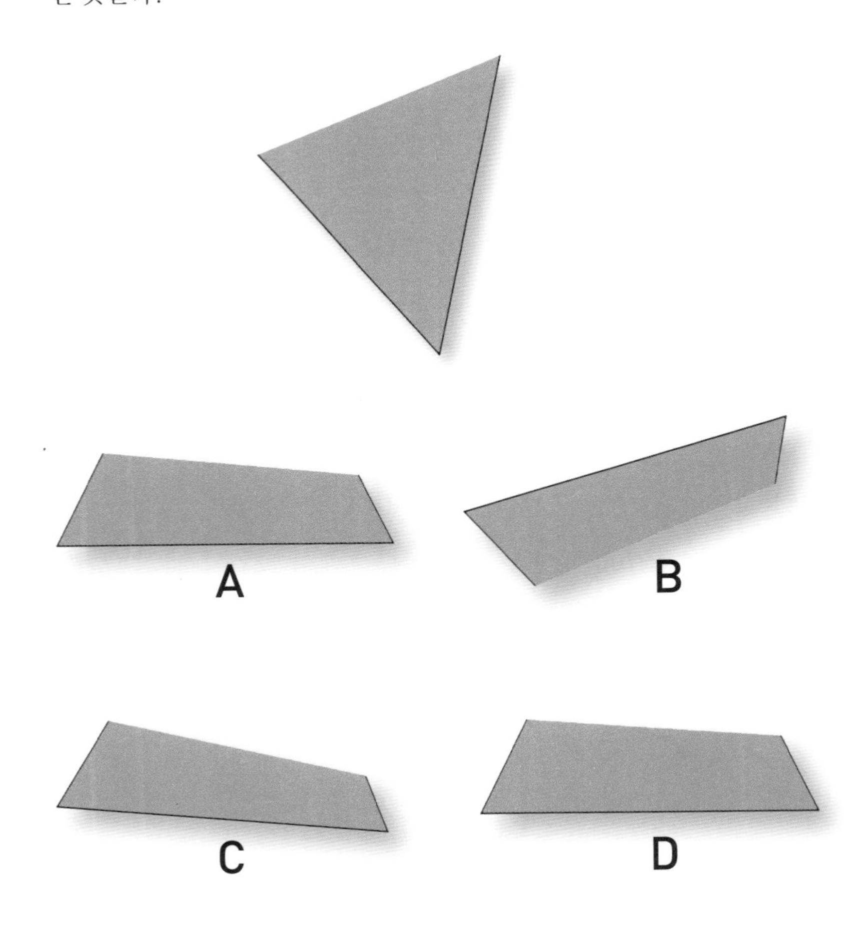

 답:239쪽

200

도형들이 어떤 규칙에 따라 나열되어 있다. 빈칸에 들어갈 도형은 무엇일까?

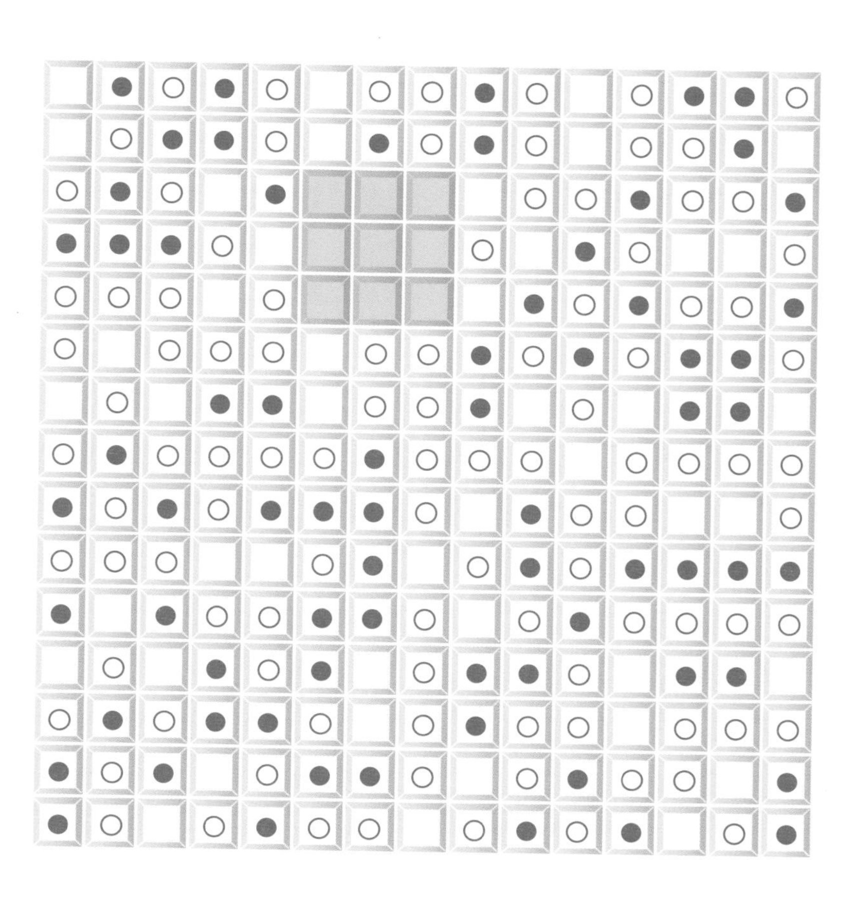

MENSA PUZZLE

멘사퍼즐 사고력게임

해답

001 정사각형

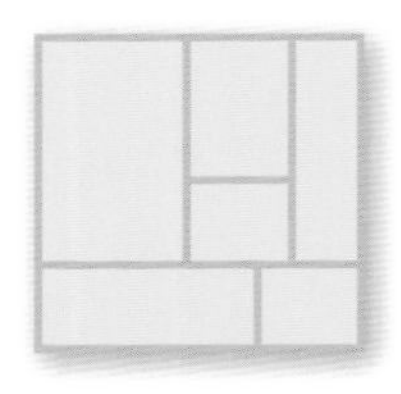

002 8개

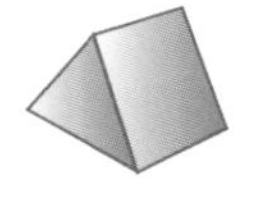

003 +, −, +, +, +

14+9−5+7+2+8=35

004

1 →	9 ↓	2 ↙	8 ←
12 →	3 ↙	7 ↗	13 ↙
4 ↓	6 ↗	14 →	15 ↓
5 ↗	10 →	11 ↖	16 ●

16부터 1까지 화살표 방향에 따라 거꾸로 길을 찾아야 한다.

005 D

006 A

007 45

오른쪽 원의 숫자는 왼쪽 원의 숫자에 2와 3을 번갈아 곱한 값이다. 왼쪽 원의 4, 10, 3을 살펴보면 오른쪽 원에는 4에 2를 곱한 8, 10에 3을 곱한 30, 3에 2를 곱한 60이 들어간다. 따라서 물음표에 들어갈 숫자는 15에 3을 곱한 45가 들어간다.

008

7	6	3		7	6	4	5	1
8		2		7			7	
5	0	8	3	6	1	4	0	2
1			5		2		4	
7	6	9	4		1		0	
	5		1	1	5	2	6	1
5	8	4	4		4		1	
3			8		4		1	
3			8	8	0	2	1	

009 21

왼쪽부터 두 숫자를 더한 값을 적는 규칙이다. 따라서 8+13=21

010 E

E를 제외한 모든 그림은 세 도형이 겹쳐 있다.

011 A

012 C

013

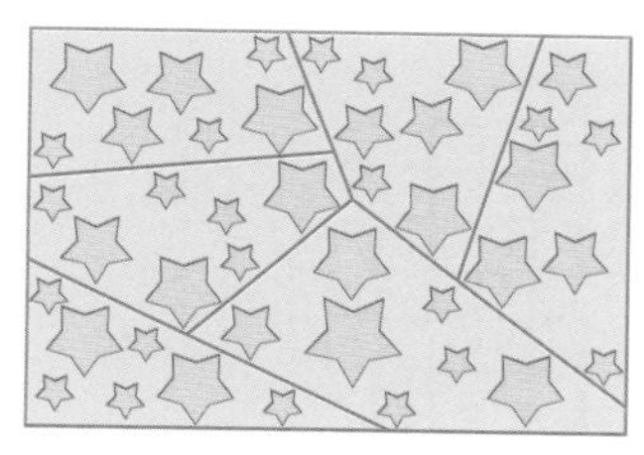

다른 방법도 있으니 찾아보자.

014 135

삼각형의 위쪽에 적힌 숫자와 왼쪽에 적힌 숫자를 더한 다음 오른쪽 꼭짓점에 적힌 숫자를 곱하는 규칙이다. 따라서 (7+8)×9=135

015 ▲ = 1, ■ = 2, ● = 3

016 -4

사각형의 가운데에 적힌 숫자는 오른쪽 위 꼭짓점, 왼쪽 위 꼭짓점, 왼쪽 아래 꼭짓점에 적힌 숫자 세 개를 더한 다음 오른쪽 아래 꼭짓점에 적힌 숫자를 빼는 규칙이다. 따라서 1+4+0−9=−4

017 12시

018

Angelina Jolie(안젤리나 졸리), Britney Spears(브리트니 스피어스), Bruce Springsteen(브루스 스프링스틴), James Cameron(제임스 캐머런), Jennifer Aniston(제니퍼 애니스톤), Kobe Bryant(코비 브라이언트), Oprah Winfrey(오프라 윈프리), Sandra Bullock(샌드라 불럭), Steven Spielberg(스티븐 스필버그), Tiger Woods(타이거 우즈)

019 394

913740−338346=575394

020

왼쪽 맨 위 칸의 도형(❑)부터 가로줄마다 왼쪽에서 오른쪽으로, 도형 11개가 반복된다.

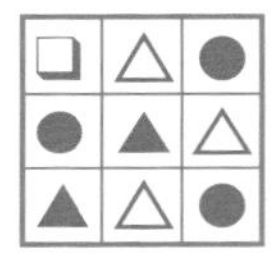

021 E

022 4개

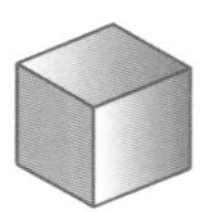

023 32

두 원에 같은 자리에 적힌 숫자 두 개를 더하면 40이 되는 규칙이다. 따라서 40−8=32

024 삼각형

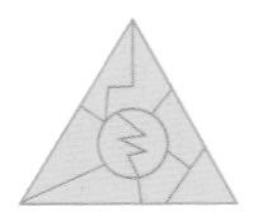

025 −, −, +, +, −

40−9−5+14+12−32=20

026 D

작은 원이 시계 방향으로, 차례대로 90도, 180도, 270도 움직이는 규칙이다.

027 B

028

4	7	6	4	6	7				
7		7				9	0	6	6
5	9	7		2	6	5		6	
3		9		2		0		2	
2	6	1	6	5	3	1	6		
7			7			9			
1			2			9			
6	5	5	1	3		7	3	1	
1		0		9		3		0	
		3	0	4	4	9	5	7	

029 98

2부터 8, 18, 32, 50, 72까지 숫자가 6, 10, 14, 18, 22, 26이 커졌다. 더하는 숫자가 4씩 커지므로 물음표에 들어갈 숫자는 72+26=98이 된다.

030

16부터 1까지 화살표 방향에 따라 거꾸로 길을 찾아야 한다.

1 ↘	10 →	11 ↙	5 ↓
7 →	12 ↓	8 ↘	6 ←
3 ↓	13 ↓	2 ←	9 ↖
4 ↗	14 →	15 →	16 ●

031 C

C를 제외한 모든 그림은 가운데에 원이 있다.

032 C

033

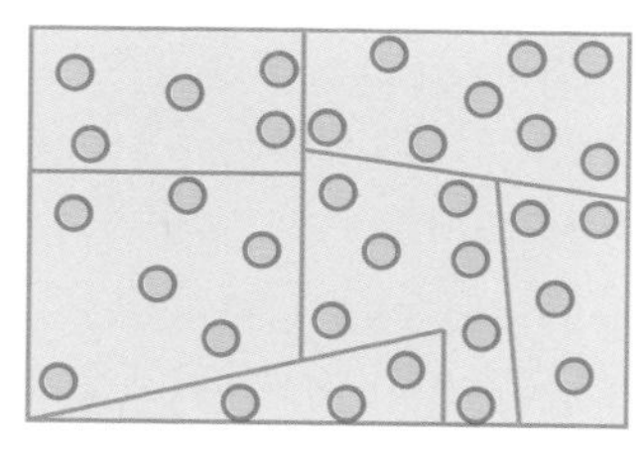

다른 방법도 있으니 찾아보자.

034 13

삼각형의 가운데에 적힌 숫자를 구하려면 삼각형의 위쪽에 적힌 숫자와 왼쪽에 적힌 숫자를 더한 다음 오른쪽 꼭짓점에 적힌 숫자를 빼야 한다. 따라서 11+10−8=13

035 ▲=1, ■=2, ●=5

036 72

사각형 가운데에 적힌 숫자를 구하려면 사각형의 왼쪽 위 꼭짓점과 오른쪽 위 꼭짓점에 적힌 숫자를 더한 다음 오른쪽 아래 꼭짓점에 적힌 숫자를 빼야 한다. 그 값에 왼쪽 아래 꼭짓점에 적힌 숫자를 곱하는 규칙이다. 따라서 (15+9−18)×12=72

037 4시 10분

1시 55분 시계부터 시간이 차례대로 50분, 45분 지났다. 따라서 물음표가 적힌 시계는 3시 30분에서 40분이 지난 4시 10분을 가리켜야 한다.

038

Shia LaBeouf(샤이아 라보프), Halle Berry(핼리 배리), Macaulay Culkin(매콜리 컬킨), Johnny Depp(조니 뎁),

James Earl Jones(제임스 얼 존스), John Travolta(존 트라볼타), Charlie Chaplin (찰리 채플린), Marlon Brando(말런 브랜도), Hugh Jackman(휴 잭맨), Morgan Freeman(모건 프리먼)

039 553

480992−169439=311553

040

왼쪽 맨 위 칸의 도형(❏)부터 도형 13개가 반복된다. 방향은 아래 그림과 같다.

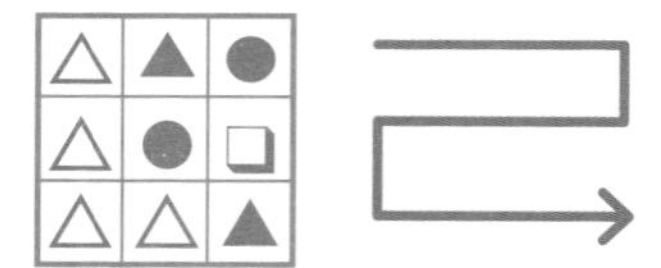

041 A

042 5개

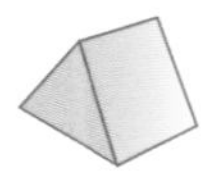

043 −, ×, −, +, ×

{(32−28)×4−21+7}×18=36

044 정사각형

045 E

046 C

그림이 시계 방향으로 90도씩 움직이고 삼각형과 오각형이 서로 멀어진다.

047 32

두 원에 같은 자리에 적힌 숫자 두 개를 더하면 5와 41의 위치부터, 46(5+41), 49(10+39), 52(1+51), 55(30+25), 58(3+55), 61(12+49), 64(12+52), 67(35+?)이 되는 규칙이다. 따라서 67−35=32

048

1	6	4	2		3	6	1	5	7
9		2			1				1
7	0	3	4	7	2	3			2
8		7		5		1	9	9	3
9	4	3		3	9	5			0
6		8					8	8	9
4	6	1	2	6			7		0
8		3		3			5		8
5	0	0	5	2	4	1	8	2	
				5			7		

049 18

각 원에 적힌 숫자는 4, 5, 6, 7, 8의 제곱수인 16, 25, 36, 49, 64의 십의 자리 숫자와 일의 자리 숫자를 바꾼 값이다. 물음표에는 9의 제곱수인 81의 십의 자리 숫자와 일의 자리 숫자를 바꾼 18이 와야 한다.

050

16부터 1까지 화살표 방향에 따라 거꾸로 길을 찾아야 한다.

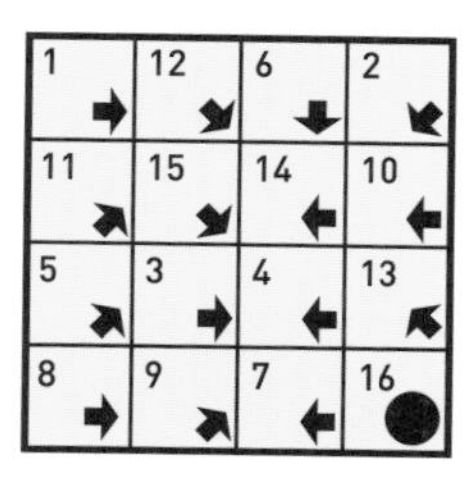

051 D

D만 세 도형이 모두 겹친 부분이 있다.

052 B

053

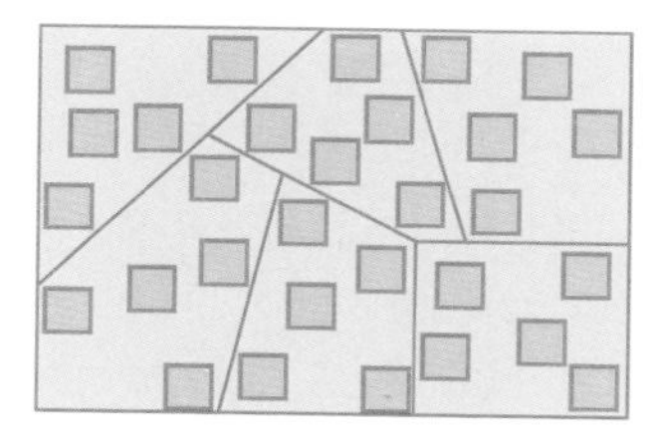

다른 방법도 있으니 찾아보자.

054 22

삼각형의 가운데에 적힌 숫자를 구하려면 삼각형 왼쪽과 오른쪽에 적힌 숫자를 더한 다음 위쪽에 적힌 숫자를 빼야 한다. 따라서 14+9−1=22

055 ▲ = 3, ■ = 5, ● = 8

056 378

사각형의 가운데에 적힌 숫자를 구하려면 사각형의 왼쪽 위 꼭짓점과 오른쪽 아래 꼭짓점에 적힌 숫자를 곱한 값과 왼쪽 아래 꼭짓점과 오른쪽 위 꼭짓점에 적힌 숫자를 곱한 값을 더해야 한다. 따라서 (18×19)+(3×12)=342+36=72

057 6시 10분

1시 10분 시계부터 시간이 1시간 40분씩 지났다. 따라서 물음표가 적힌 시계는 4시 40분에서 1시간 40분이 지난 6시 10분을 가리켜야 한다.

058

Tim Allen(팀 앨런), Sylvester Stallone(실베스터 스탤론), Nicolas Cage(니콜라스 케이지), Drew Barrymore(드루 배리모어), Tom Hiddleston(톰 히들스턴), Channing Tatum(채닝 테이텀), Keanu Reeves(키아누 리브스), Ben Affleck(벤 애플렉), Dwayne Johnson(드웨인 존슨), Russell Crowe(러셀 크로)

059 174

573390+173784=747174

060

왼쪽 맨 위 칸의 도형(△)부터 세로줄마다 위에서 아래로, 도형 13개가 반복된다.

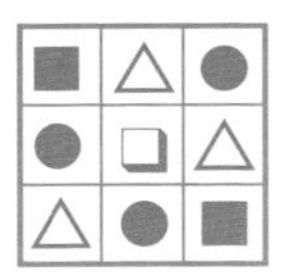

061 원

062 2개

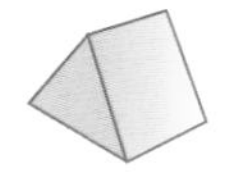

063 +, −, ÷, +, ×

{(28+38−41)÷5+6}×5=55

064

16부터 1까지 화살표 방향에 따라 거꾸로 길을 찾아야 한다.

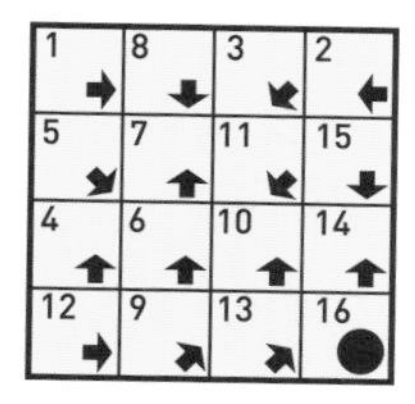

065 C

066 D

그림이 시계 방향으로 90도씩 움직인다. 작은 원의 색깔이 바뀐다.

067 21

오른쪽 원의 숫자는 왼쪽 원의 숫자의 십의 자리 숫자와 일의 자리 숫자를 바꾼 다음, 그 값에서 1을 뺀 값이다. 22는 십의 자리 숫자와 일의 자리 숫자를 바꿔도 22이므로 22−1=21

068

1	6	6	2		9	0	7	0	6	3
6		2			8		9			7
8	7	5			7	4	2	4		1
7		2	5	9	9			7		8
1	8	7		0			8	1	1	3
		8	6	2	0	9	8			7
		4		0			5	9	1	7
8	1	4		9			8			8
5		5	4	1	4	8	4	4	4	9
1			7		9				3	
	8	1	8	3	5	4	9	1	4	

069 30

각 원에 적힌 숫자는 6의 배수거나 6이 들어가는 숫자다. 작은 수부터 큰 수로 이어진다.

070 A

A를 제외한 모든 그림은 큰 도형과 작은 도형의 모양이 다르다.

071 C

072 C

073

다른 방법도 있으니 찾아보자.

074 72

삼각형의 가운데에 적힌 숫자를 구하려면 삼각형의 위쪽에 적힌 숫자에서 왼쪽에 적힌 숫자를 뺀 다음 오른쪽에 적

힌 숫자를 곱해야 한다. 따라서 (23−17)×12=72

075

△ = 2, ■ = 5, ● = 3, ★ = 6

076 84

사각형의 가운데에 적힌 숫자를 구하려면 사각형의 왼쪽 위 꼭짓점과 오른쪽 아래 꼭짓점에 적힌 숫자를 곱한 값에서 왼쪽 아래 꼭짓점과 오른쪽 위 꼭짓점에 적힌 숫자를 곱한 값을 빼야 한다. 따라서 (8×15)−(9×4)=120−36=84

077 7시 9분

8시 15분 시계부터 시간이 3시간 38분씩 지났다. 따라서 물음표가 적힌 시계는 3시 31분에서 3시간 38분이 지난 7시 9분을 가리켜야 한다.

078

Jake Gyllenhaal(제이크 질런홀), Kate Winslet(케이트 윈즐릿), Megan Fox(메건 폭스), Benedict Cumberbatch(베네딕트 컴버배치), Kevin Spacey(케빈 스페이시), Bill Murray(빌 머리), Steve Buscemi(스티브 부세미), Anne Hathaway(앤 해서웨이), Daniel Radcliffe(대니얼 래드클리프), Robin Williams(로빈 윌리엄스)

079 8

이번엔 가로줄이 아닌 세로줄에 주목해야 한다. 615+321=936, 524+444=96이 되는 규칙이다. 따라서 물음표에는 8이 들어가야 한다.

080

왼쪽 맨 위 칸의 도형(△)부터 그림의 한가운데의 도형(❏)까지 시계 방향으로 도형 10개가 반복된다.

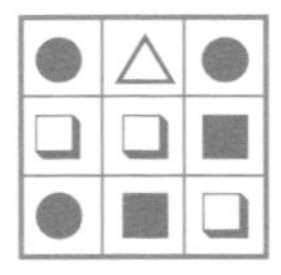

081 C

082 10개

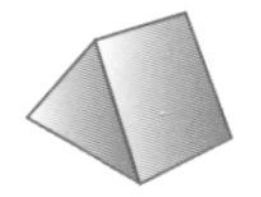

083 +, ÷, ÷, ×, ÷

(23+25)÷2÷8×38÷6=19

084

25부터 1까지 화살표 방향에 따라 거꾸로 길을 찾아야 한다.

1 ↘	18 →	4 ↙	19 ↙	17 ←
13 →	2 ↘	21 ↓	14 ↙	12 ←
5 ↘	23 ↓	3 ↑	11 ↗	7 ↙
20 ↗	15 ↙	22 ↖	8 →	9 ↙
16 ↗	24 →	6 ↗	10 ↑	25 ●

085 A

086 C

그림이 반시계 방향으로 90도씩 움직인다. 움직일 때마다 꼭짓점 하나가 더해진 도형이 생기며 색이 바뀐다.

087 6

각 원의 숫자를 모두 더하면 200이 되는 규칙이다.

088

9	1	1			5	5	0	5		
1		3			7			2	2	8
8	7	4	2	4	6	3	8	4		6
7		5		1		2		7	5	4
4	8	8	4	3		7	5	1		3
		4		7		6		7	2	3
4	5	5	7	9	0			8		6
4		7		9						4
8		5	3	1	1	9	6	1	7	9
3				6				0		
6	4	4	0	0	4			6	1	0

089 372

왼쪽 숫자에서 5를 뺀 다음 3을 곱한 값이 다음에 나오는 규칙이다.

090 B

B를 제외한 모든 그림은 선의 개수가 짝수다.

091 C

092 삼각형

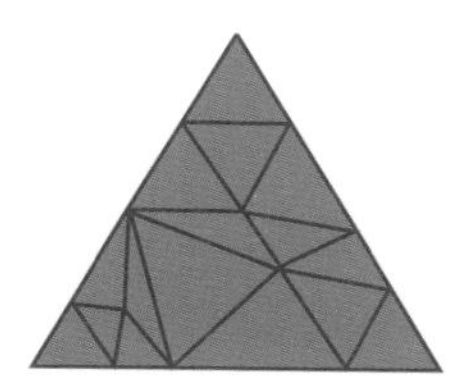

093

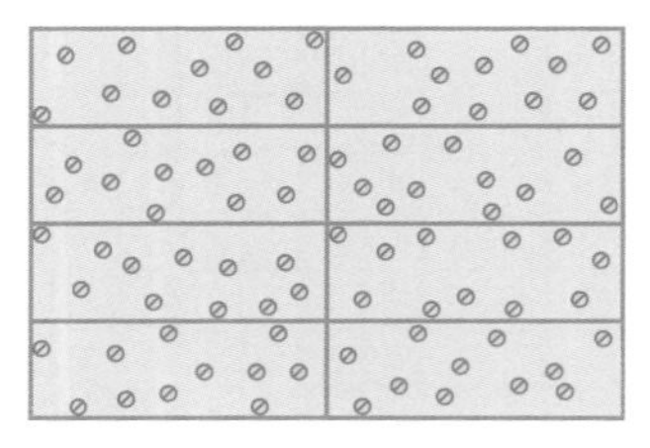

다른 방법도 있으니 찾아보자.

094 1

삼각형 모두 가운데에 적힌 숫자가 위쪽 또는 왼쪽에 한 번씩 더 적혀 있다. 물음표가 적힌 삼각형은 가운데에 적힌 숫자와 오른쪽에 적힌 숫자가 같아야 하는 차례이므로 물음표에는 1을 적어야 한다.

095

▲ = 1, ■ = 4, ● = 2, ★ = 5

096 24

사각형에 적힌 숫자 중에 큰 두 숫자를 더한 값에서 나머지 숫자를 더한 값을 빼는 규칙이다. 따라서 (18+14)−(6+2)=24

097 7시 35분

12시 35분 시계부터 시간이 차례대로 1시간 10분, 2시간 20분 지났다. 따라서 물음표가 적힌 시계는 4시 5분에서 3시 30분이 지난 7시 35분을 가리켜야 한다.

098

Jason Statham(제이슨 스테이섬), Harrison Ford(해리슨 포드), Natalie Portman(내털리 포트먼), Jackie Chan(재키 찬), Will Ferrell(윌 페럴), Leonardo DiCaprio(레오나르도 디카프리오), Rupert Grint(루퍼트 그린트), Antonio Banderas(안토니오 반데라스), James Franco(제임스 프랑코), Jack Nicholson(잭 니컬슨)

099 959

각 가로줄에 적힌 여섯 자리 숫자를 세 자리 숫자 2개로 나눈다. 첫 번째 가로줄은 425와 187. 두 번째 가로줄은 263, 386. 세 번째 가로줄에 오는 숫자를 구하려면 두 번째 가로줄의 세 자리 숫자에 2를 곱해 첫 번째 가로줄의 세 자리 숫자와 더해야 한다. 왼쪽 자리 숫자를 계산하면 425+(263×2)=951. 따라서 물음표에 들어갈 숫자는 187+(386×2)=959

100

오른쪽 맨 아래 칸의 도형(■)부터 왼쪽 맨 위의 도형(●)까지 세로줄마다 아래에서 위로 도형 13개가 반복된다.

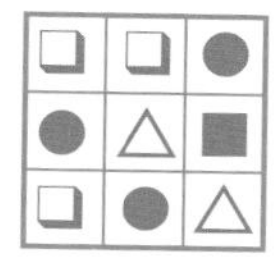

101 A

102 1개

103 +, ÷, ×, −, −

(25+11)÷9×35−19−28=93

104

25부터 1까지 화살표 방향에 따라 거꾸로 길을 찾아야 한다.

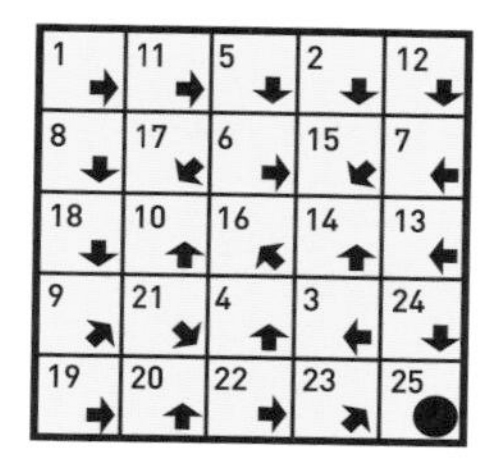

105 C

106 B

전 단계의 원들이 다른 형태로 재배열되고, 더 큰 원이 추가되는 규칙이다. A, D, E는 같은 크기 원이 있고, C는 배열 형태가 같은 부분이 있다.

107 29

각 원에서 원의 중심을 기준으로 마주 보고 있는 칸의 숫자를 더하면 66이 되는 규칙이다. 따라서 66−37=29

108

1	0	5	9	1		9	7	8	3	7	
9		7			5			4		5	
4	3	1	5	5	2		4	4	9	6	
1					1		3			6	
7	7	5	6	7	9	2	3	8		2	
5			2		2		1			2	
9			3	2	8	7	0	6	2	8	9
	5	8	4		7		1		6		8
	0		6	1	7		5		0		3
7	7	8	3		4	5	9	9			2
6			4				4		8	1	6
8	9	5	2	5	6	1					

109 56

처음 숫자 2부터 차례대로 이전 숫자에 +4, +6, +8, +10, +12가 되는 규칙이다. 따라서 42+14=56

110 E

E를 제외한 모든 그림은 큰 도형의 선의 개수가 작은 도형의 선의 개수보다 많다.

111 B

안쪽 도형의 선의 개수가 바깥쪽 도형의 선의 개수보다 2개 많은 규칙이다.

112 원

113

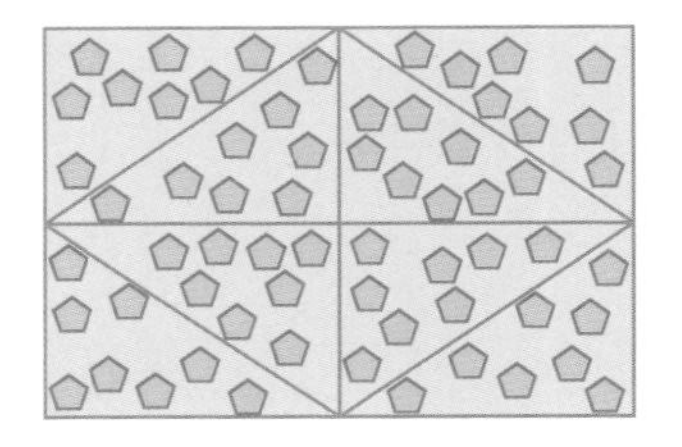

다른 방법도 있으니 찾아보자.

114 5

삼각형의 가운데에 적힌 숫자를 구하려면 삼각형 위쪽에 적힌 숫자와 오른쪽에 적힌 숫자를 곱한 다음 왼쪽에 적힌 숫자로 나눠야 한다. 따라서 $9 \times 10 \div 18 = 5$다.

115

▲ = 2, ■ = 3, ● = 3, ★ = 4

116 46

사각형의 가운데에 적힌 숫자를 구하려면 사각형의 왼쪽 위 꼭짓점과 오른쪽 위 꼭짓점에 적힌 숫자를 곱한 값에서 왼쪽 아래 꼭짓점에 적힌 숫자를 빼야 한다. 오른쪽 아래 꼭짓점에 적힌 숫자는 사용하지 않는다. 따라서 (5×

13)−19=46

117 4시 20분

2시 10분 시계와 1시 5분 시계가 짝을 이룬다. 시와 분을 나타내는 숫자 2와 10을 2로 나누는 규칙이다. 따라서 8과 40을 2로 나눈 4시 20분을 가리켜야 한다.

118

Sigourney Weaver(시고니 위버), Jason Biggs(제임스 빅스), Vin Diesel(빈 디젤), Tom Cruise(톰 크루즈), Will Smith(윌 스미스), Emma Watson(엠마 왓슨), Bruce Willis(브루스 윌리스), David Tennant(데이비드 테넌트), Denzel Washington(덴젤 워싱턴), Jim Carrey(짐 캐리)

119 004

각 세로줄에서 첫 번째 숫자와 두 번째 숫자를 곱한다. 4×9=36, 1×5=5, 3×8=24, 2×5=10, 0×4=0, 6×4=24가 나오는데, 이 숫자들의 일의 자리 숫자만 적는 규칙이다.

120

왼쪽 맨 아래 칸의 도형(❏)부터 오른쪽 맨 위 칸의 도형(◯)까지 도형 13개가 반복된다. 방향은 다음 그림과 같다.

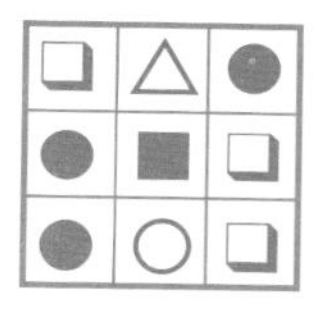

121 오각형

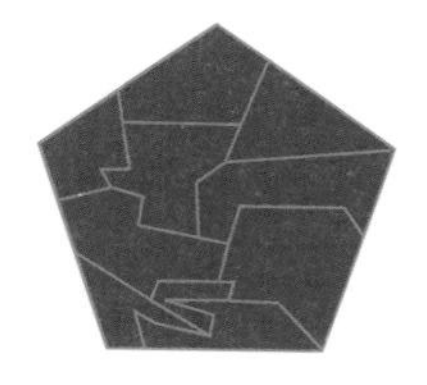

122 5개

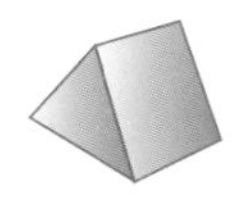

123 -, -, ×, +, -

(17−1−16)×20+17−4=13

124

25부터 1까지 화살표 방향에 따라 거꾸로 길을 찾아야 한다.

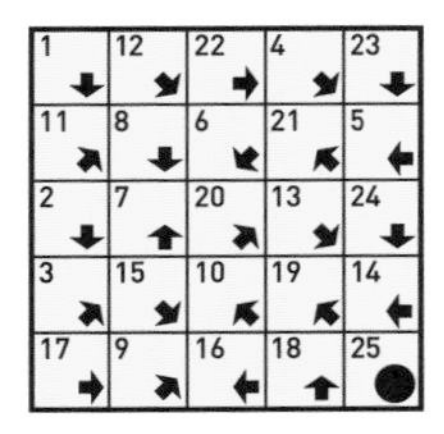

125 A

126 C

원과 사각형이 번갈아 가며 추가된다. 다음에 올 그림은 원이 추가될 차례다.

127 29

두 원에 같은 자리에 적힌 숫자 두 개를 더하면 0과 1의 위치부터 시계 방향으로, 1, 4, 9, 16, 25, 36, 49가 되는 규칙이다. 1부터 7까지의 제곱수이므로 35와 ?의 합은 8의 제곱수인 64가 되어야 한다. 따라서 64−35=29

128

5	9	7	8	1	9			9	1	1	5	7
2		3			9		1		1			9
7	1	5	6	2	1	1	1		5	3	9	4
3		5			2		5	6	0			5
5	9	1	0	9	4	4	5		8	8	4	0
4				9			2			9		1
4	6	8		7	0	9	6	2	7	7	2	4
2		4	0	0			6		2		0	
1	5	1					2		7	5	9	
	0		9	0	6	4	9	1	7		5	
	1		2		0				3	0	5	3
	2	5	1	3	3	1	2	9	9		3	
											2	

129 1956

각 원에 적힌 숫자는 왼쪽 원의 숫자에 1을 더한 숫자와 차례에 해당하는 숫자를 곱하는 규칙이다. 두 번째 원의 숫자는 (1+1)×2=4가 된다. 따라서 물음표에는 (325+1)×5=1956이 들어가야 한다.

130 B

B를 제외한 모든 그림은 두 작은 도형 사이의 각이 90도와 180도이다.

131 D

132 D

133

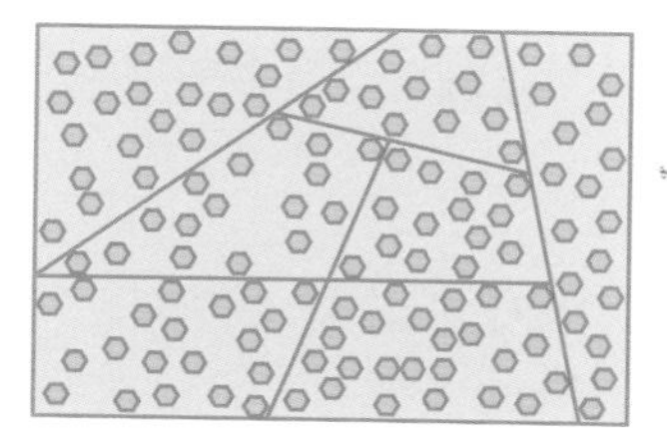

다른 방법도 있으니 찾아보자.

134 26

삼각형의 가운데에 적힌 숫자를 구하려면 삼각형의 위쪽 꼭짓점에 적힌 숫자에 2를 곱한 값과 왼쪽 꼭짓점에 적힌 숫자를 더한 다음 오른쪽 꼭짓점에 적힌 숫자를 2로 나눈 값을 빼야 한다. 따라서 $(14\times2)+11-(26\div2)=26$

135

▲ = 13, ■ = 23, ● = 17, ★ = 27

136 71

사각형에 적힌 숫자는 모두 소수(2, 3, 5, 7, 11…)다. 소수는 각 사각형의 조각에 방향에 따라 차례대로 나열되어 있다. 사각형의 가운데에는 59, 61, 67이 적혀 있으므로 다음 소수인 71이 들어가야 한다.

137 8시 32분

앞 순서 시계의 시와 분을 나타내는 숫자를 더한 값이 분이 된다. 시는 두 시간씩 뒤로 당겨진다. 따라서 $10-2=8$이 시가 되고, $10+22=32$가 분이 되므로 물음표가 적힌 시계는 8시 32분을 가리켜야 한다.

138

Zach Galifianakis(자크 갤리피아나키스), Cameron Diaz(캐머런 디아스), Kate Beckinsale(케이트 베킨세일), Heath Ledger(히스 레저), Tom Hanks(톰 행크스), Rowan Atkinson(로언 앳킨슨), Chris Hemsworth(크리스 헴스워스), Tommy Lee Jones(토미 리 존스), Brendan Fraser(브렌던 프레이저), James McAvoy(제임스 매커보이)

139 204

각 가로줄의 여섯 자리 숫자를 두 자리 숫자씩 묶는다. 첫 번째 가로줄의 숫자는 87, 74, 71이고 두 번째 가로줄의 숫자는 07, 29, 15다. 여기서 첫 번째 가로줄의 첫 번째 숫자 87을 두 번째 가로줄의 첫 번째 숫자 7로 나눈 다음 몫을 세 번째 가로줄에 쓰는 규칙이다. 87÷7=12…3, 74÷29=2…16, 71÷15=4…11이므로 물음표는 204가 된다.

140

오른쪽 맨 아래 칸의 도형(△)부터 반시계 방향으로 도형 13개가 반복된다.

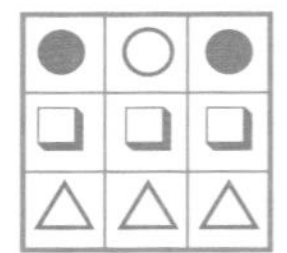

141 B

B를 제외한 나머지 그림은 겹쳐 있는 도형 중에서 색칠된 도형의 변의 개수가 가장 많다.

142 4개

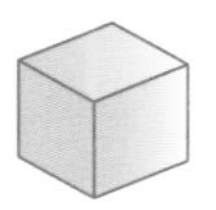

143 -, ×, +, +, -

(36−24)×1+29+20−36=25

144

25부터 1까지 화살표 방향에 따라 거꾸로 길을 찾아야 한다.

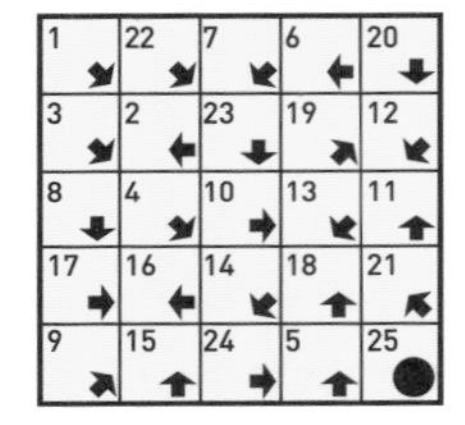

145 D

146 E

왼쪽 그림에서 오른쪽 그림으로 이동할수록 정사각형이 하나씩 늘어나는 규칙이다.

147 18

두 원에 같은 자리에 적힌 숫자 두 개를 더한 다음 각 원의 중심을 기준으로 마주 보고 있는 칸의 숫자 두 개를 더하면 모두 81이 된다. 예를 들어 왼쪽 원의 37과 오른쪽 원의 11을 더하고 마주 보고 있는 칸의 숫자 8과 25까지 모두 더하면 81이 되는 규칙이다. 따라서 81−(23+33+7)이므로 물음표에는 18이 와야 한다.

148

1	7	3	6	5	1	2	4	1		9	7	7
7		8			9		6			4		2
8		9	2	9	7	0	4	9	3	6		4
0		3			5		1		2			0
		7	1	6	6	1	6	4	1	2		0
9	6	1		1			1			4	3	2
0		1		2	3	7	8			4		2
8	7	6		3			5			2	0	4
8		9	7	6	3	6	2	4	1	1		
				0		4		5		7		
4	5	3		8	8	5	3	0	7	2	4	7
3		4			5		7			9		2
9		8	4	0	9	6	9	5	7	0		7

149 60

원에 적힌 숫자는 연속된 소수(2, 3, 5, 7…) 두 개의 차가 2인 경우 사이에 있는 숫자를 뽑아 나열한 것이다. 소수 3과 5 사이의 숫자 4, 5와 7 사이의 숫자 6, 11과 13 사이의 숫자 12, 17과 19 사이의 숫자 18 순으로 진행된다. 이렇게 나열하다 보면 42 다음에 와야 할 숫자는 소수 59와 61 사이의 숫자 60이 된다.

150 정사각형

151 D

도형의 생김새를 보면 알파벳과 유사하다. 왼쪽부터 차례대로 A, B, H와 유사한 형태로 볼 수 있으므로 빈칸에 들어갈 도형은 I와 비슷하게 생긴 D다.

152 991

각 세로줄에서 첫 번째 숫자와 두 번째 숫자를 더한 값을 제곱한 숫자의 일의 자리 숫자를 세 번째 칸에 적는 규칙이다. $(9+6)^2=225$이므로 5, $(6+4)^2=100$이므로 0이다. 같은 규칙으로 $(6+7)^2=169$, $(5+2)^2=49$, $(8+3)^2=121$이므로 991이 들어가야 한다.

153

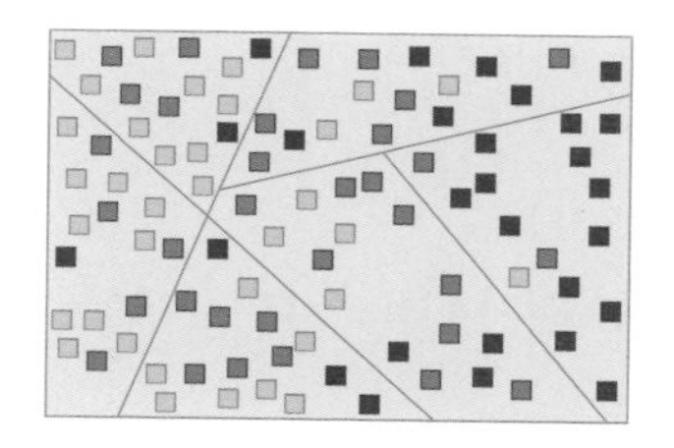

다른 방법도 있으니 찾아보자.

154 **144**

삼각형 안에 적힌 숫자는 모두 피보나치수열의 숫자다. 1, 1, 2, 3, 5, 8, 13, 21, 34, 55, 89가 적혀 있다. 순서는 오른쪽 삼각형, 왼쪽 삼각형, 아래 삼각형이며, 삼각형의 위쪽 꼭짓점, 왼쪽 아래 꼭짓점, 오른쪽 아래 꼭짓점, 가운데에 적힌 숫자 순서로 이어진다. 따라서 물음표에는 55+89=144가 들어간다.

155

△ = 2, ▲ = 11, ■ = 3, ● = 5, ★ = 7

156 **7**

사각형의 가운데에 적힌 숫자를 구하려면 사각형의 왼쪽 위 꼭짓점과 왼쪽 아래 꼭짓점과 오른쪽 아래 꼭짓점에 적힌 숫자를 더한 값에서 오른쪽 위 꼭짓점에 적힌 숫자를 빼야 한다. 따라서 (12+6+3)−14=7

157 **3시**

12시 40분 시계부터 시간이 130분, 140분, 150분씩 거꾸로 가고 있다. 따라서 물음표가 적힌 시계는 5시 40분에서 160분 전인 3시를 가리켜야 한다.

158

Owen Wilson(오언 윌슨), Mel Gibson(멜 깁슨), Robert De Niro(로버트 드니로), Al Pacino(알 파치노), Orlando Bloom(올랜도 블룸), Christian Bale(크리스천 베일), Rachel McAdams(레이철 매캐덤스), Jessica Alba(제시카 알바), Clint Eastwood(클린트 이스트우드), Samuel L. Jackson(새뮤얼 L. 잭슨)

159 **B**

160

오른쪽 맨 아래 칸의 도형(●)부터 왼쪽 맨 위 칸의 도형(●)까지 도형 17개가 반복된다. 방향은 아래 그림과 같다.

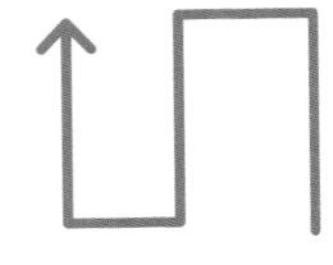

161 **육각형**

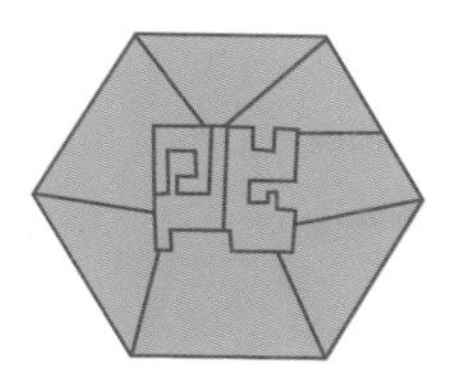

162 **6개**

163 **+, −, 3은 지수, ÷, ÷**

$(16+10-11)^3 \div 9 \div 15 = 25$

164

25부터 1까지 화살표 방향에 따라 거꾸로 길을 찾아야 한다.

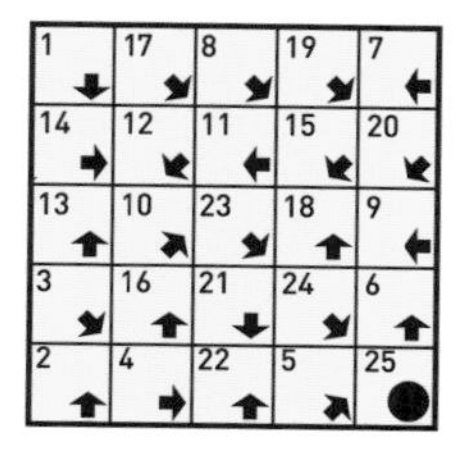

165 **D**

166 **B**

보기의 맨 왼쪽 원에서 위쪽에 있는 원은 시계 방향으로 135도씩 회전하고, 아래쪽에 있는 원은 반시계 방향으로 15도와 90도씩 번갈아 가며 회전하는 규칙이다.

167 **26**

숫자는 왼쪽 원의 오른쪽 위에 적힌 23부터 시작해 두 원을 번갈아 가며 이어진다. 숫자 순서는 다음과 같다.

23, ?, 22, 20, 23, 19, 17, 20, 16, 14, 17, 13, 11, 14, 10, 8로 이어진다.

규칙을 살펴보면 왼쪽 원을 좌우대칭했을 때 왼쪽 원 오른쪽 위의 23은 오른쪽 원의 ?가 적힌 위치로 이동한다. 즉 ?가 두 번째 숫자가 되는 규칙이다. 세 번째 숫자는 다시 왼쪽 원으로 돌아가 그전 숫자인 23이 적힌 위치에서 시계 방향으로 3칸 이동한 숫자인 22가 된다. 네 번째 숫자는 다시 좌우대칭했을 때 22가 적힌 위치인 20이 된다. 이 규칙에 따라 숫자를 나열한다. 그다음 숫자 사이의 규칙을 찾아 보면 +3, −4,

–2가 반복된다. 따라서 두 번째 숫자인 ?가 적힌 칸에는 23에 3을 더할 차례이므로 26이 들어간다.

168

9		4	1	1	6	4	6	1	9	9			
5		2			4			6		4	2	1	0
5	5	9			8			8	0	0		9	
		3	2	8	8	8	2			5	1	0	
3	6	2					8	9	8	0			
4					7		0		0				
3			1	0	8	8	5	5	3	8	0		1
	7	0	1		0		8		8				9
	7		9		1		8		8	0	8		7
	7	9	4	5	3	1	7	2	1		5	8	9
	0		8		4		0		0		8		7
	2	3	0		8	3	3	3	0	1	0	8	3
		7				3		2					1
5	0	4	4	1	3	8	7	5					

169 794

왼쪽 원부터 순서에 해당하는 값이 지수가 되고 $1^n+2^n+3^n$의 값이 원에 적힌 숫자다. 예를 들어 첫 번째 원에 들어가야 할 숫자는 $1^1+2^1+3^1$의 값이므로 6이다. 따라서 여섯 번째 원에 들어가야 할 숫자는 $1^6+2^6+3^6=1+64+729=794$

170 B

도형이 시계 방향으로 15도 회전하고 두꺼워지는 규칙이다.

171 D

D를 제외한 모든 그림은 세 도형 중 가장 작은 도형의 변 개수와 나머지 도형의 변 개수 차가 각각 2개, 4개다. D는 오각형(변 개수 5), 칠각형(7=5+2), 십일각형(11=5+6)이므로 규칙에 맞지 않는다.

172 001

첫 번째 가로줄 맨 왼쪽에 적힌 1부터 제곱수를 나열한 규칙이다. 단 제곱수가 거꾸로 적혀 있다. 칸에 1, 4, 9, 16, 25, 36, 49, 64, 81, 100이 들어가야 하는데, 1, 4, 9, 61, 52, 63, 94, 18이 대신 적힌 것이다. 따라서 물음표에는 100을 거꾸로 적은 001이 들어간다.

173

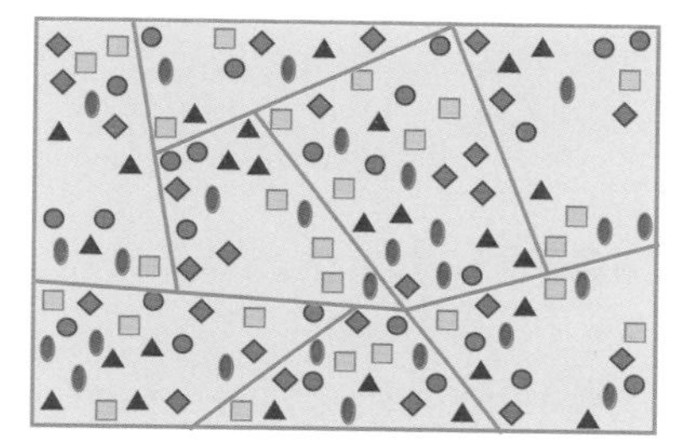

다른 방법도 있으니 찾아보자.

174 6

삼각형의 가운데에 적힌 숫자를 구하려면 삼각형의 위쪽 꼭짓점에 적힌 숫자에 왼쪽 꼭짓점에 적힌 숫자를 지수로 올려 제곱한 다음 오른쪽 꼭짓점에 적힌 숫자를 빼야 한다. 따라서 $(13^1)-7=6$

175

△ = 14, ▲ = 15, ■ = 17, ● = 19, ★ = 20

176 3

사각형의 왼쪽 위 꼭짓점에 적힌 숫자에 가운데에 적힌 숫자를 지수로 올려서 제곱한다. 그 값을 왼쪽 아래와 오른쪽 아래 꼭짓점에 적힌 숫자를 곱한 값으로 나누면 오른쪽 위 꼭짓점에 적힌 숫자가 나온다. 따라서 거꾸로 식을 써보면 $16\times(18\times6)=1728$, 즉 12의 세제곱이므로 3이 들어가야 한다.

177 5시 6분

시를 나타내는 숫자와 분을 나타내는 숫자를 곱하면 30이 되어야 하는 규칙이다. 따라서 시와 분을 곱해 30이 되는 다음 시간은 5시 6분이다.

178

Adam Sandler(애덤 샌들러), Emma Stone (엠마 스톤), Matt Damon(맷 데이먼), Bradley Cooper(브래들리 쿠퍼), Peter Sellers(피터 셀러스),George Clooney(조지 클루니), Edward Norton(에드워드 노턴), Scarlett Johansson(스칼릿 조핸슨), Mark Wahlberg(마크 월버그), Daniel Craig(대니얼 크레이그)

179 A

180

왼쪽 맨 위 칸의 도형(❑)부터 도형 17개가 반복된다. 방향은 가로줄마다 왼쪽에서 오른쪽을 향한다. 단, 가로줄 순서대로 이어지지 않는 게 이 문제의 특징이다. 그림의 가로줄은 총 15줄로, 첫 번째 줄 다음에 두 번째 줄로 가는 게 아니라 아홉 번째 줄로 가야 한다. 첫 번째 줄과 아홉 번째 줄이 기준이 되어, 순서는 첫 번째 줄, 아홉 번째 줄, 두 번째 줄, 열 번째 줄, 세 번째 줄, 열한 번째 줄 순으로 위아래를 왔다 갔다 하며 연결된다.

❄	■	△
	❄	●
△		❑

181 겹친 원 두 개

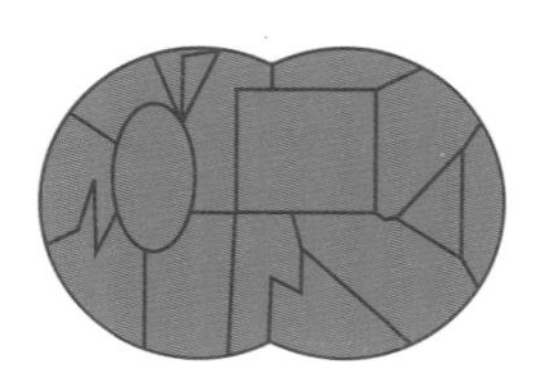

182 1개

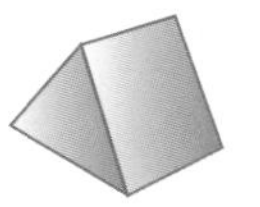

183 ÷, ×, ÷, ×, –, ÷, 4는 지수, –

$(15\div5\times30\div6\times5-27\div16)^4-1=80$

184

36부터 1까지 화살표 방향에 따라 거꾸로 길을 찾아야 한다.

1 ↓	22 ↘	6 ↘	21 ←	15 →	16 ↓
27 →	13 ↘	28 ↓	26 ←	25 ←	17 ↙
12 ↗	20 ↗	34 →	24 ↗	7 ↓	35 ↓
2 →	19 ↑	5 ↑	33 ↖	4 ←	3 ←
10 ↓	30 →	18 ↖	31 ↓	14 ↑	23 ↖
11 ↑	9 ↖	29 ↖	32 ↑	8 ←	36 ●

185 B

186 A

각 단계는 시계 방향으로 40도 회전한다. 단계마다 회색 공은 40도, 80도, 120도로 움직이고, 노란색 공은 80도, 반시계 방향으로 40도 움직이기를 반복한다. 진한 초록색 공은 120도씩 움직인다. 한 번 움직이면 공은 색을 바꾼다. 시계로 따졌을 때 12시 방향 기준으로 시계 방향으로 회색, 노란색, 진한 초록색으로 바뀐다.

187 25

각 원을 X 모양으로 나눴을 때 왼쪽 원은 25, 49 / 23, 33 / 16, 36 / 51, 19로 나뉜다. 여기서 위아래 부분의 숫자 네 개(25, 49, 16, 36)를 더한 값과 왼쪽과 오른쪽 부분의 숫자 네 개(51, 19, 23, 33)를 더한 값이 같다. 따라서 오른쪽 원에서도 위아래 부분의 숫자 네 개(?, 46, 27, 28)를 더한 값이 왼쪽과 오른쪽 부분의 숫자 네 개(31, 29, 55, 11)를 더한 값과 같아야 하므로 31+29+55+11=126. 따라서 126−(46+27+28)=25

188

		3						3	4	7				
4	5	0	6	8	5	3				9	2	4	1	
		2		7						0		9		
9	9	2	7	3	9	5	3	3		3		7	4	4
4		0		0		2		7	6	5	4			2
9	8	8	3	7	8	3		9				3	9	9
8		2		7		4	9	4	2	1			3	
7	2	0	6	5	0	6		6		2			3	
2				3		9		1	8	3	9	5		1
1	5	3	0	8	9	9	3	9		0		9	1	2
6		3				2				7		4		4
		2	2	9		3	3	6	6	0	3	2	9	0
7	1	7		0			5		2			0		6
0		2		5	7	4	0	3	6	8	3	8		3
1	9	4	5	0								3	8	8

189 2208

나열된 숫자들은 소수를 제곱한 값에서 1을 뺀 값이다. 528은 소수 23의 제곱인 529에서 1을 뺀 숫자다. 소수는 23부터 시작해 29, 31, 37, 43, 47 순서이므로 물음표에는 47을 제곱하고 1을 뺀 $47^2-1=2209-1=2208$이 들어가야 한다.

190 B

보기는 수소 원소(H)와 수소 분자(H_2)의 관계를 나타낸다. 아래 그림은 산소 원소(O)를 나타내므로 산소 분자(O_2)를 나타내는 B가 들어가야 한다.

191 A

원은 •, 사각형은 ━로 치환하면 모스부호가 된다. A는 M(━━), B는 A(•━), C는 I(••), E는 O(━━━), D는 U(••━)다. A를 제외한 나머지 모스부호는 알파벳 모음을 나타낸다.

192 637

가로줄이 위에서 아래로 이동하고, 한 줄씩 내려올수록 그 줄의 숫자는 두 자리씩 오른쪽으로 이동한다. 따라서 숫자의 순서는 868637, 495201, ??343?가 된다. 첫 번째 가로줄 숫자에서 두 번째 가로줄 숫자를 빼는 규칙이므로 868637−495201=373436을 규칙에 맞게 칸에 적어야 한다.

193

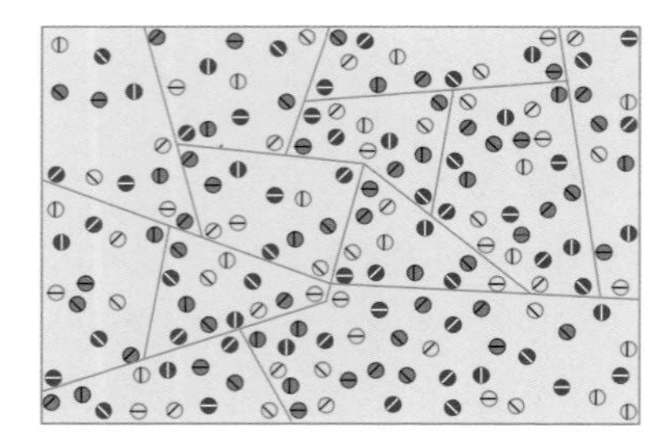

다른 방법도 있으니 찾아보자.

194 257

각 삼각형에서 가운데 숫자를 뺀 나머지 숫자를 크기 순으로 나열한다. 예를 들어 가운데 684가 적힌 삼각형의 숫자는 3, 5, 21로 나열한다. 그다음 가장 작은 숫자에 두 번째로 작은 숫자를 지수로 올려 제곱하고, 그 값에 가장 큰 숫자를 제곱한 값을 더한다. 즉 $3^5+21^2=243+441=684$, 가운데 숫자가 나오는 규칙이다. 따라서 물음표에는 $1^4+16^2=1+256=257$이 들어가야 한다.

195

△ = 3, ▲ = 7, ● = 4, ■ = 6,

☆ = 8, ★ = 9

196 20

각 사각형에서 왼쪽 위에 적힌 숫자부터 시작해 시계 방향으로 이동하고 가운데에 적힌 숫자를 지나 다음 사각형으로 이동한다. 가장 작은 숫자부터 숫자를 나열하면 0, 2, 4, 5, 6, 6, 7, 8 순으로 이어진다. 이때 이 숫자는 주기율표 순서에 따른 원자의 중성자 수를 나열한 것이다. 물음표가 적힌 칸은 스무 번째 원소의 중성자 수인 20이 들어가야 한다.

197 9시 25분

6시 10분 시계부터 분은 5분씩 지났다. 시는 앞 시계의 분을 나타내는 숫자에서 시를 나타내는 숫자를 뺀 값이 된다. 따라서 물음표가 적힌 시계는 11시 20분에서 5분이 지난 25분, 20(분)−11(시)=9, 9시 25분을 가리켜야 한다.

198

Brad Pitt(브래드 피트), Ian McKellen(이언 매커런), Ben Stiller(벤 스틸러스), Pierce Brosnan(피어스 브로스넌), Julia Roberts(줄리아 로버츠), Alec Guinness(앨릭 기니스), Keira Knightley(키라 나이틀리), Peter Jackson(피터 잭슨), Liam Neeson(리암 니슨), Sean Connery(숀 코네리)

199 D

200

왼쪽 맨 위 칸의 도형(□)부터 시계 방향으로 도형 15개가 반복된다.

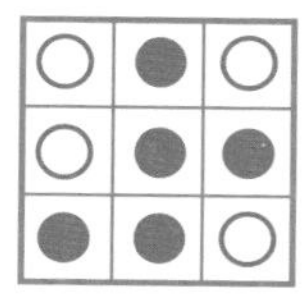

멘사코리아
주소: 서울시 서초구 언남9길 7-11, 5층
전화: 02-6341-3177
E-mail: admin@mensakorea.org

—

옮긴이 장혜인

한국외국어대학교 영어통번역학과를 졸업한 뒤 현재 번역에이전시 엔터스코리아에서 전문 번역가로 활동하고 있다. 옮긴 책으로는《멘사퍼즐 논리게임》이 있으며 지은 책으로는《DS NEAT 실전모의고사》《Speaking Reading Listening Writing 1~4권》이 있다.

멘사퍼즐 사고력게임
IQ 148을 위한

1판 1쇄 펴낸 날 2019년 12월 10일
1판 2쇄 펴낸 날 2021년 8월 10일

지은이 | 팀 데도풀로스
옮긴이 | 장혜인

펴낸이 | 박윤태
펴낸곳 | 보누스
등 록 | 2001년 8월 17일 제313-2002-179호
주 소 | 서울시 마포구 동교로12안길 31 보누스 4층
전 화 | 02-333-3114
팩 스 | 02-3143-3254
E-mail | bonus@bonusbook.co.kr

ISBN 978-89-6494-415-8 04410

• 책값은 뒤표지에 있습니다.

내 안에 잠든
천재성을 깨워라!

대한민국 2%를 위한
두뇌유희 퍼즐

IQ 148을 위한 멘사 오리지널 시리즈

멘사 논리 퍼즐
필립 카터 외 지음 | 7,900원

멘사 문제해결력 퍼즐
존 브렘너 지음 | 7,900원

멘사 사고력 퍼즐
켄 러셀 외 지음 | 7,900원

멘사 사고력 퍼즐 프리미어
존 브렘너 외 지음 | 7,900원

멘사 수리력 퍼즐
존 브렘너 지음 | 7,900원

멘사 수학 퍼즐
해럴드 게일 지음 | 7,900원

멘사 수학 퍼즐 디스커버리
데이브 채턴 외 지음 | 7,900원

멘사 수학 퍼즐 프리미어
피터 그라바추크 지음 | 7,900원

멘사 시각 퍼즐
존 브렘너 외 지음 | 7,900원

멘사 아이큐 테스트
해럴드 게일 외 지음 | 7,900원

멘사 아이큐 테스트 실전편
조세핀 풀턴 지음 | 8,900원

멘사 추리 퍼즐 1
데이브 채턴 외 지음 | 7,900원

멘사 추리 퍼즐 2
폴 슬론 외 지음 | 7,900원

멘사 추리 퍼즐 3
폴 슬론 외 지음 | 7,900원

멘사 추리 퍼즐 4
폴 슬론 외 지음 | 7,900원

멘사 탐구력 퍼즐
로버트 앨런 지음 | 7,900원

멘사코리아 논리 퍼즐
멘사코리아 퍼즐위원회 지음 | 7,900원

멘사코리아 수학 퍼즐
멘사코리아 퍼즐위원회 지음 | 7,900원